AF603424

ESSAI
SUR
LA LITHOLOGIE DES ENVIRONS
DE
SAINT-ETIENNE-EN-FOREZ.

ESSAI
SUR
LA LITHOLOGIE
DES ENVIRONS
DE
SAINT-ETIENNE-EN-FOREZ,

ET SUR L'ORIGINE DE SES CHARBONS DE PIERRE.

AVEC des observations sur les SILEX, PÉTRO-SILEX, JASPES et GRANITS.

Par M. DE BOURNON, Lieutenant de MM. les Maréchaux-de-France, au département de Grenoble.

1785.

PRÉFACE.

Des circonstances particulières m'ayant mis dans le cas de passer une partie de l'été et l'automne de 1784, à Saint-Etienne, je ne pus me refuser d'employer la plus grande partie de ce temps à satisfaire le goût que j'ai toujours eu pour l'histoire naturelle, en étudiant le sol des environs de cette ville active et laborieuse. Je ne tardai pas à m'appercevoir qu'il m'étoit impossible de soumettre à aucun des systêmes connus, la formation des mines de charbon qui y sont si abondantes : ce qui m'engagea à tenir note des faits qui se présentoient en foule à mes yeux. Le temps des courses fini, je rassemblai en corps d'ouvrage ces mêmes observations, auxquelles je joignis celles que l'étude de la nature m'avoit mis dans le cas de rassembler, en différens temps, à l'égard de quelques autres substances. Je ne destinois cependant pas cet ouvrage à l'impression ; mais quelques personnes instruites auxquelles je le communiquai, et à la tête desquelles je me fais un plaisir de nommer mon

illustre ami M. Romé-de-Lisle, me décidèrent à le faire imprimer, en m'assurant que ces observations pouvoient étendre nos connoissances Lithologiques, en répandant quelque jour sur des substances, dont la véritable place n'est pas encore déterminément fixée, & remontant par des échelons fournis par la nature elle-même à l'origine de quelques-autres.

Qu'il y ait des mines de charbon dont l'origine appartient aux produits de la première végétation qui recouvrit les cîmes des montagnes après la retraite successive des eaux, et dont les individus déracinés et entraînés par les averses considérables, qu'ils avoient nécessairement éprouvés, étoient ensuite déposés par les mêmes eaux, dans les parties basses, situées aux pieds de ces montagnes, le fait est incontestable: mais ces mines remontent-elles toutes à une origine végétale? et, dans nombre de circonstances, n'ont-elles pas eu aussi une origine animale? la nature seule pouvoit fournir la solution de ces deux questions; aussi n'est-ce que d'après l'observation la plus attentive et la plus scrupuleuse, faite sur son sein, que j'ai cru pouvoir assurer l'existence de cette origine animale, du moins quant aux mines de charbon de Saint-Etienne: origine qui acquiert encore plus de probabilité d'après les observations rapportées dans cet ouvrage, et faites par M. Faujas de Saint-Fond, lors de l'extraction, en grand, du goudron de ce charbon.

Tout le monde connoît l'existence de ces mines de charbon, qui, enflammées par quelque accident dû, soit à la négligence des ouvriers, soit, peut-être, souvent à l'inflagration de l'air inflammable par quelques étincelles électriques, conservent quelquefois cet état d'incandescence, pendant une suite de siècles; mais personne jusqu'ici n'avoit, que je sache, décrit les phénomènes que pouvoit présenter l'action de ce feu sur les espèces de pierre qui composoient le sol de ces mines. Je me suis appliqué à suivre les différentes altérations qu'elles ont éprouvées dans celle de la Ricamari, et j'ai cru que le lecteur en verroit le détail avec quelque plaisir : ce feu local et long-temps continué nous présentant nombre de produits qu'on essayeroit, je crois, en vain, d'obtenir dans nos laboratoires, où le feu toujours plus rapide et plus accéléré, doit nécessairement agir autrement, et produire des effets différens du feu gradué & long-tems permanent des charbonières enflammées; ce qui, sans doute est aussi une des raisons de la difficulté que nous rencontrons à imiter les produits des volcans. Cependant on peut voir, par les morceaux que je cite, ayant éprouvé l'action du feu des fours de Roche, destinés à changer le charbon en coaks , qu'il ne seroit peut-être pas impossible de rapprocher de quelques-uns de ces produits ; & je crois qu'il seroit vraiment intéressant de savoir jusqu'à quel point le feu, différemment gradué de nos fourneaux sur les mêmes pierres, pourroit approcher des effets de celui de ces grands fourneaux de la nature.

Depuis long-temps j'avois rassemblé, à l'égard des silex, pétro-silex & jaspes, nombre d'observations qui m'avoient porté à les regarder comme des modifications particulières de la même substance, qui est le quartz. Mais ces observations, suffisantes à ma conviction, ne satisfaisoient point encore au désir que j'avois de rencontrer des faits qui pussent déposer sensiblement en faveur de la manière avec laquelle j'envisageois que la nature avoit procédé à leur formation. Les deux roches de pétro-silex qui avoisinent Saint-Etienne, m'ont paru répondre à ce désir. J'ai rassemblé, en conséquence, dans cet ouvrage, les observations les plus intéressantes que ces roches présentent aux naturalistes ; mais je sens que dans des faits de cette nature, la vue des morceaux satisfait infiniment plus que tout ce qu'on peut dire à leur égard, et c'est pourquoi j'ai prévenu que j'avois envoyé à M. Romé-de-Lisle, une collection de morceaux venant à l'appui des faits que j'avois *avancés : connoissant assez son honnêteté, & comptant assez sur son amitié, pour être sûr de l'empressement avec lequel il satisfera à cet égard les personnes qui paroîtront désirer de connoître cette collection.* (*)

(*) La confiance que j'ai dans les lumières de ce savant illustre, auquel l'histoire naturelle a de si grandes obligations, jointe à l'appui que son suffrage doit nécessairement donner aux observations que je livre aujourd'hui au public, m'engage à transcrire ici la réponse qu'il me fit sur cet objet, après avoir reçu cet envoi.

« . . . . mais une observation
» beaucoup plus intéressante encore, eſt celle de
» votre roche de pétro-silex, et la distinction très-
» ſavante & très-lumineuse qu'elle vous a donné lieu
» de faire entre le silex, le jaspe & le pétro-silex.
» Il n'étoit pas aisé d'assigner les différences presque
» imperceptibles qui diſtinguent ces trois produits
» quartzeux : la différente origine que vous leur
» attribuez est appuyée ſur des ſuites dont l'ensemble n'a-
» voit point encore été mis sous les yeux des naturalistes
» d'une manière aussi satisfaisante. Au moyen de votre
» diſſolution quartzeuse modifiée par la matière graiſſe,
» soit animale, soit végétale, soit des cristallisations
» primitives, vous répandez la lumière sur un des
» points les plus obscurs & les plus importans de
» la Lithologie ; et les naturalistes vous auront à cet
» égard la plus grande obligation. . . . .

J'ai divisé, dans mes notes, les granits en granits de première et dérnière formation, parceque toutes les observations que j'ai pu faire à cet égard, m'ont paru indiquer assez clairement cette marche constante dans les premiers produits de la nature, qu'il est aisé de reconnoître aussi, en lisant attentivement les observations des auteurs touchant cette substance; et je dois ici à M. de Saussure, l'hommage de dire que ses observations, toujours marquées au coin du génie naturaliste, m'ont été infiniment utiles dans l'étude que j'ai faite des substances primitives. Quant aux granits secondaires, leur formation est bien postérieure; ils ne différent des grès qu'en ce que leurs parties, au lieu d'étre roulées ainsi que dans cette pierre, n'annoncent pas avoir éprouvé un transport assez considérable pour cela : et rien n'empêche qu'il ne s'en forme de nouveaux tous les jours, lorsque quelques causes après avoir détruit le granit, sans en charier au loin les parties, d'autres causes, telles qu'un fluide tenant en dissolution, et quelquesfois même dans une simple division une substance pierreuse quelconque, vient de nouveau les réunir : & c'est ainsi, par exemple, que je conçois la ormation des granits, mélangés de spaths calcaires, dont parle M. de Sausure.

Quant à la formation des kneiss, que je regarde

comme devant leur origine à la destruction des granits de dernière formation, dont les parties ont été successivement déposées sur le penchant des montagnes, j'avoue que, quoiqu'il y ait quelques faits qui paroissent contrarier cette formation, l'observation me séduit fortement en sa faveur ; et que tout me semble concourir pour assurer que, du moins une très-grande partie d'entr'eux, semble avoir cette origine : cependant j'ai cru devoir rapporter les objections qui m'ont été faites à cet égard, par M. Romé-de-Lisle, parce que ce sont en effet les plus fortes qu'on puisse faire, et que ma réponse sert à étendre davantage ma manière de voir touchant cette substance.

La critique, quand elle est honnête, étant la route la plus sûre pour le progrès des connoissances, par les vérités qui peuvent souvent naître de la discussion de deux manières de penser différentes, fussent-elles même fausses toutes deux, je recevrai avec une véritable reconnoissance toutes celles qui pourroient m'être faites à l'égard des faits établis dans cet ouvrage ; surtout si elles ont pour base d'autres faits placés en opposition, et j'y répondrai avec empressement, soit pour avouer les erreurs que j'aurois pu commettre, soit pour donner plus d'extension à ma manière de voir ; si j'apperçois qu'elle ait été mal saisie, ou peut encore sortir victorieuse des combats qu'elle auroit éssuyés : mon seul desir étant de pouvoir être utile à mes concitoyens, et mon seul guide l'amour de la vérité.

Les environs de Saint-Etienne suffiroient seuls pour faire du Forez une des provinces les plus intéressantes du royaume en histoire-naturelle ; mais il s'en faut beaucoup que cette province, dont les productions lithologiques sont encore parfaitement ignorées, borne là son intérêt et ses richesses. Inépuisable en charbons de terre, par la réunion des mines de Saint-Etienne et de Rive-de-Gier, elle présente en outre un intérêt non moins vaste, par ces masses de montagnes granitiques, qui, après avoir cerné la plaine de Montbrison, vont se joindre à celles d'Auvergne. C'est dans ces montagnes primitives que l'observateur peut et doit étudier la nature, pour passer ensuite de ses premières opérations connues, à celles qui, successivement ont suivi. En descendant ainsi avec elle, si je puis me servir de cette expression, il suivra sa marche et trouvera beaucoup plus d'aisance à l'explication de la plûpart de ses opérations, qu'en voulant remonter de ses derniers produits aux premiers.

Les volcans éteints du Vivarais et de l'Auvergne,

ont aussi étendu leur domaine jusques dans cette province. Montbrison est entouré en demi-cercle par dix à douze buttes de basalte en masses irrégulières, dont plusieurs sont isolées et se présentent sous la forme d'un cône parfait : dans Montbriſon même qui est placé à peu près au centre de ce demi-cercle, s'élève une de ces buttes. Aucune d'elles ne présente de trace quelconque de cratère ; elles sont terminées en pointe trop aigüe, pour soupçonner qu'il y en ait jamais eu un ; d'ailleurs aucune ne présente ces courans de laves, qui décèlent les irruptions. Tout porte à croire que ce sont des jets sortis de dessous terre, par quelque forte action dont le foyer devoit sans doute être dans la masse des montagnes qui sépare le Forez de l'Auvergne, et dans laquelle mes occupations ne m'ont pas encore permis de les chercher. Plusieurs de ces buttes présentent des maſſes entières considérables de basalte irrégulier, qui sont parsemées de noyaux de spath calcaire, d'une forme ovale et sphérique, dont pluſieurs sont en masse, et d'autres cristallisées en rayons divergens, et seroient aisément pris au premier aspect pour de la zéolite. Ces noyaux se détachent facilement du basalte, et alors ont parfaitement l'aspect des enhydres de Calcédoine du Vicentin. Ce basalte a donc beaucoup de rapport avec celui que M. Faujas de

Saint-Fond cite, Minéralogie des volcans, pag. 154; *n°. 54 ; mais comme ici il n'est nullement question de courans de lave, il est impossible d'y appliquer l'explication que cet habile observateur des produits volcaniques donne de la manière dont ont pu se former ces noyaux. J'avoue que les données que nous avons jusqu'ici, me paroissent insuffisantes pour expliquer ce phénomène et répondre à cette question, d'où peuvent provenir ces noyaux calcaires, dans un canton où il n'existe d'autre trace de substances calcaires que celle qui fait partie intégrante de la terre végétale ? Le basalte de ces différentes buttes volcaniques est en général très-compacte et contient plus ou moins de schorl noir et de chrysolite ; cette dernière substance sur tout est très-répandue dans la butte, que l'on nomme dans le pays*, le puy de Bard, *elle y est fort belle et y forme des noyaux souvent très-considérables et dans lesquels la chrysolite, qui s'y montre quelque fois en masses non granuleuses d'un verd foncé, fait voir que le tissu de cette substance est lamelleux ; ce qui paroissoit n'avoir point encore été observé dans les produits volcaniques, où M. Faujas, l'Auteur qui nous a le plus appris à cet égard, ne la cite que comme étant toujours granuleuse. Ce tissu lamelleux, qui est d'après cela bien prouvé appartenir aussi à la chrysolite des volcans, aide encore à rapprocher cette substance de la véritable chrysolite. Cette butte volcanique du puy de Bard, m'a aussi fourni une jolie variété de basalte, que je vais décrire, ne l'ayant pu rapporter à aucune de celles décrites dans l'intéréssant tableau qu'en a donné M. Faujas dans sa* minéralogie des volcans; *il est d'un fond noir mêlé de beaucoup de petits grains de chrysolite décomposée d'un jaune ocreux, et parsemée d'une immensité de très-petites taches blanches, qui donnent à ce basalte un très-joli aspect; ces petits points blancs ne sont pas dûs au feldspath, comme dans la variété* G. pag. 39 de la minéralogie des volcans, *loin de faire un effet plus marqué en trempant le basalte dans l'eau ainsi que l'espèce* 3. pag. 51, *cet aspect disparoît, et il ne se montre plus que sous une couleur noire, qui ne perd son uniformité que lorsqu'il commence à sécher; enfin son tissu qui est graveleux, le distingue encore et en fait une variété du basalte graveleux,* Esp. 7. pag. 8, *dont il differe en ce que c'est le tissu même de l'intérieur du basalte qui est tacheté, et que ces tâches, qui sont visiblement dûes à une décomposition des parties basaltiques, paroissent infiniment moins à la superficie. Cette butte du puy de Bard m'a aussi fourni une très-jolie variété du basalte noir piqué.* Esp. 2. pag. 50, *contenant de très-beaux noyaux de chrysolites.*

Une autre très-jolie variété de basalte, que je n'ai pu rapporter non plus à aucune de celles décrites par M. Faujas, et qui se rencontre sur la butte de Cursieux, a dans son intérieur, sur un fond noir, des taches rondes d'un gris cendré, et du diamètre d'une lentille, elles sont aussi dûes à l'altération d'une de ces parties : ces morceaux ont leur extérieur couvert d'une très-grande quantité de petits trous répondant à ces parties altérées, et d'un diamètre égal. Cette même butte de Cursieu, offre aussi quelques morceaux de basalte verd, de l'espèce décrite par M. Faujas, sous le nom de basalte gris verdâtre, Esp. 14. p. 13. *il exerce une action assez forte sur le barreau aimanté, et est recouvert d'une couche blanche, argileuse, très-tendre, pareille à celle du morceau qu'il décrit, mais moins épaisse.*

La butte volcanique située dans Montbrison même, où elle est connue sous le nom du chateau, présente une très-jolie variété de basalte porphyre : le fond de ce basalte est d'un noir très-foncé, fort dur, donnant de très-vives étincelles frappé avec le briquet ; sa pâte paroît homogène et nullement mélangée de schorl noir, seulement on distingue quelques fois, çà et là, quelques grains de chrysolite; mais il est semé d'une très-grande quantité de parties de felds-path blanc, dont plusieurs appartiennent visiblement à des cristaux de cette même substance, et dont la texture lamelleuse est très-apparente. Ce feldspath n'annonce nullement avoir éprouvé aucune altération dans ces morceaux, qui ont des parties très-attirables au barreau aimanté, et d'autres foiblement, et même pas du tout: dans quelques-uns de ces morceaux, il y a des parties où le feldspath domine au point de ne laisser appercevoir le fond du basalte que par des tâches noires; alors ces parties sont rarement attirables au barreau aimanté: dans d'autres on distingue en outre quelques grains de quartz.

Comme on n'avoit encore dit que très-peu de chose sur ce qui tient aux volcans éteints du Forez, j'ai cru qu'on verroit avec plaisir à leur égard, ce léger apperçu, qui peut mettre à portée les voyageurs naturalistes, en leur apprenant leur existence, de jeter sur eux un coup d'œil observateur, destiné à porter quelque lumière sur cette partie de la province du Forez, et joignant les nouvelles observations, auxquelles elles donneroient naissance, à toutes celles que nous avons déjà sur les volcans éteints du Vivarais, du Velay et de l'Auvergne, augmenter par là d'autant la masse de nos connoissances à cet égard.

Mais une découverte que j'ai faite, dans les montagnes granitiques du Forez, et que j'annonce avec grand plaisir aux naturalistes, qui peut-être la recevront de même, est celle de l'émeraude du Pérou, qui jusqu'à présent, n'avoit point été regardée comme étant aussi indigène à la France; M. Romé-de-Lisle, ne la citant dans son tableau Lithologique, comme se trouvant dans les roches granitiques de France, que d'après ce que je lui ai fait voir à cet égard. Cette gemme se trouve dans un superbe filon de feldspath, et y est ordinairement groupée avec de très-petits cristaux de feldspath, et souvent des cristaux de quartz et de schorl noir; elle ne peut pas être regardée comme s'étant trouvée là par un accident unique, ayant retrouvé la suite de ce même filon à une petite demie lieue de là, j'y ai de nouveau rencontré deux morceaux, sur chacun desquels étoit une fort belle émeraude, dont une est aujourd'hui dans le cabinet de M. Romé-de-Lisle. D'ailleurs sans avoir autrement exploité ce filon, qu'ainsi qu'un observateur peut le faire avec son marteau, mes recherches m'ont procuré une douzaine de morceaux, qui tous contien-

nent plus ou moins de ces gemmes; il est vrai que plusieurs d'elles sont très-petites, la plus forte de celles que j'ai trouvées, et qui est vûe dans son entier étant couchée sur un de ses cotés sur la gangue, a environ deux lignes et demie de longueur, sur plus d'une ligne et demie de diamétre; elles m'ont offert les variétés de forme (Romé-de-Lisle Cristallographie, var. Ie. pl. IV. fig. 18 et 19. et pag. 252. Var. II. pl. IV. fig. 22. Var. 3e. pag. 254. pl. IV. fig. 100, et enfin, var. 4e. pag. 256. pl. IV. fig. 101.) *quelques-unes sont d'un très-beau verd, d'autres ont chaque extrêmité du prisme terminé par deux cercles parfaitement blancs; j'en ai une qui est assez grosse, ayant près de deux lignes de diamétre, et dont l'axe seul du prisme est verd, et enfin parfaitement blanche. Quelques-unes sont percées à jour, suivant l'axe de leurs prismes, et d'autres rassemblées en macles. Je possede un petit groupe de ces émeraudes intéressant, en ce qu'elles sont grouppées avec de petites aiguilles de schorl noir, et contiennent dans l'intérieur de leur substance de petites aiguilles très-fines du même schorl.*

Il est dont bien prouvé que l'émeraude du Pérou, qui successivement s'est montrée indigène à l'Asie, à l'Amérique et à la Saxe, l'est aussi à la France, et je ne doute nullement que l'observation ingénieuse des naturalistes instruits qui sont répandus dans toutes les provinces de ce Royaume, ne parvienne à faire cette même découverte parmi les substances primitives qui se trouvent dans nombre d'autres cantons. J'avois déjà trouvé une substance analogue, sur un seul morceau provenant des montagnes du Dauphiné, et que M. Romé-de-Lisle décrit ainsi, dans la nouvelle édition de son intéressante Cristallographie, en rapportant la phrase que je lui en avois envoyée. « H Schorl verd à pyramides hexaèdres tronquées près » de leur bases, et séparées par un prisme court » hexaèdre intermédiaire, chacun des angles » correspondants aux pyramides tronquées, est légé» rement tronqué par un petit tétragone; ce qui » change les six faces du prisme en octogones alongés » et les six faces des pyramides en hexagones alongés. » Ce cristal est donc composé de trente-deux » plans, qui sont six octogones alongés, douze » petits tétragones, douze hexagones et deux hexa» gones réguliers alongés, formés par la partie » tronquée des pyramides. Le morceau que je » possède, contient plusieurs cristaux de cette même » variété. » vol. 2. pag. 405.

Comme

Comme je n'avois aucune raison pour croire, à cette époque, à l'existence de cette gemme en France, et que d'ailleurs elle étoit grouppée avec des cristaux de schorl, quoique ayant infiniment plus d'éclat qu'eux, je la regarde comme une variété de cette substance; mais la forme qui ne peut-être rapportée qu'à celle de l'émeraude suffit pour faire voir qu'en effet elle ne peut être rapportée aux schorls, et doit l'être à l'émeraude du Pérou, ainsi que le dit M. de Romé-de-Lisle, même page, note 122. *Il ne faut cependant pas confondre ce cristal avec ces petits cristaux jaunes très-brillants qu'on trouve en Dauphiné grouppés sur des cristaux de spath calcaire rhomboidal à bords en biseaux de Maronne, et qui depuis ont été vérifiés pour être un schorl parfaitement analogue au schorl violet; à cette époque ces cristaux trop petits pour être facilement aperçus induisirent en erreur tous ceux qui les observèrent.*

Quoique cet ouvrage n'ait été detiné qu'à faire connoître la Lythologie des environs de Saint-Etienne, j'ai cru devoir jeter ce coup d'œil rapide sur quelques autres produits intéressans du Forez sur lesquels je pourrai revenir un jour, si les circonstances me le permettent.

Comme la plûpart des notes sont assez longues et n'ont qu'un rapport indirect avec le corps de l'ouvrage, j'ai pris le parti de les placer à la fin pour éviter au lecteur la fatigue que pourroit lui présenter la lecture d'un discours coupé par de trop longs intervales.

ESSAI

Sur la Lithologie des environs de Saint-Etienne en Forez, & sur l'origine de ses Charbons de pierre, avec des Observations sur les Silex, Pétro-Silex, Jaspes et Granits.

La plaine du Forez (*a*), où est situé Saint-Etienne, court de l'est à l'ouest ; elle est bornée du coté du midi par une chaîne de montagnes granitiques qui la sépare du Vivarais, & du coté du nord par une

(*a*) Par le nom de plaine dont je me sers ici, il ne faut pas se figurer un espace parfaitement uni, ainsi que le mot sembleroit d'abord l'annoncer ; mais un espace qui, à l'origine, étoit bien véritablement plaine dans toute l'étendue du mot, et que les révolutions et les dégradations arrivées aux premiers produits de la nature ont semé de collines et de coteaux plus ou moins élevés ; mais toujours moins que les chaînes de montagnes qui le terminent.

autre chaîne de montagnes aussi granitiques qui va joindre celles qui bordent la Loire & cernent la plaine du Forez où est situé Montbriſon. Cette plaine qui est d'une largeur inégale, qui va environ à une lieue aux environs de Saint-Etienne, est semée d'une très-grande quantité de collines et coteaux, plus ou moins élevés, qui tous contiennent plus ou moins de charbon fossile ; le sol plat même recouvre souvent ce même charbon, mais en bien moindre quantité que les coteaux.

La nature de la pierre de la partie des deux chaînes qui regarde la plaine, est en général l'espèce de Kneiss, connu sous le nom de Roche granitoide feuilletée micacée, dans laquelle le mica domine sur le quartz (1). En s'éloignant de la plaine & s'enfonçant dans la montagne, cette roche se change en granit.

Celle de la pierre de l'espace compris entre les deux chaînes de montagnes est bien différente ; elle appartient aux grès et schistes, formant des couches horizontales, ou ne s'écartant de l'horizontal que pour répondre à l'inclinaison des coteaux.

Le grès préſente constamment le mica au nombre de ses parties intégrantes ; on y rencontre aussi quelques parties de feldspath, mais en général il y est peu commun. Il offre les variétés suivantes :

1°. Grès micacé, feuilleté, dont le grain est très-fin & les feuillets très-minces (*a*).

(*a*) *Cos in lamellas fissilis*, *arenarius fissilis*, *Wal. Min. Sp.* 87. *cos particulis arenaceis fissilibus*, *lamellis fragilibus*. Linn. Sist. Nat. p. 62, n°. 7.

2°. *Idem*, en grains plus gros & dont les couches sont aussi très-minces.

3°. Grès à grains encore plus gros & mêlés de même de paillettes de mica ; il est en couches beaucoup plus épaisses, et sert dans le pays de pierre de taille sous le faux nom de molasse (*a*).

4°. Le grès à grains fins, n°. 2, contenant en outre de petits cailloux roulés de différentes grosseurs.

5°. Le grès, n°. 3, contenant de même de petits cailloux roulés.

6°. Grès mêlangé de cailloux roulés de différentes grosseurs, depuis celle d'une fève jusqu'à celle et plus de la tête. Cette variété à laquelle les précédentes servent de passage, doit porter le nom de Poudingue.

7°. Cette dernière variété, qui est encore un poudingue, outre les cailloux de différentes grosseurs, contient des fragmens plus ou moins gros de kneiss micacé (*b*).

Toutes ces variétés de grès rentrent dans la classe de ceux que M. de Romé de Lisle cite, *Crist. vol. II. p.* 583.

Les schistes, dans tous lesquels le mica entre aussi comme partie intégrante, présentent les variétés suivantes :

(*a*) *Cos particulis arenosis, distinctis, dura, vulgaris, Arenarius vulgaris, Wal. Min. Spec.* 86.

Cos particulis angulatis, opacis, fixis, rigidis. Linn. Sist. Nat. p. 64, n°. 16.

(*b*) C'est le *Cos particulis majoribus, sabulosis, diversæ naturæ coalita. Cos molaris, Wal. Min. Spec.* 90.

1°. Schiste micacé d'un tissu très-lâche, à raison de la grosseur des molécules argileuses, ainsi que de celles de mica qui entrent dans sa composition.

2°. *Idem*, d'un tissu moins lâche, les molécules argileuses & micacées étant plus petites. On rencontre assez souvent disséminés dans ce schiste, ainsi que dans le précédent, de fort petits grains de sable qui sont sensibles à une forte loupe.

3°. *Idem*, d'un tissu très-serré, les molécules intégrantes étant très-fines et exactement combinées. Le mica n'est sensible dans cette variété que par de petits points très-brillans.

4°. *Idem*, d'un tissu encore plus fin : le mica y est encore moins sensible ; mais on le distingue très-bien à la loupe. Cettevariété est très-peu commune aux environs de Saint-Etienne.

Toutes ces variétés de schiste rentrent dans celles que M. de Romé de Lisle, ainsi que le docteur Demeste, ont désignées en général par le nom de Schiste micacé.

Communément les grès laissent appercevoir dans leur texture plus ou moins de traces de charbon, qui fouvent même y forme de petites veines très-minces ; ils recouvrent les mines de charbon, & tantôt sont immédiatement dessus, tantôt en sont séparés par des couches de schiste, qui se rencontrent aussi entre les couches de grès, formant différens lits très-minces & qui ont peu d'adhérence entre eux. Ce schiste eft plus ou moins imprégné de bitume, et l'on trouve très-souvent de petites veines de charbon interposées entre ses couches.

Si la nature, toujours avare du secret de ses opérations, a couvert d'un voile épais, dont on ne peut approcher qu'en essayant d'en déchirer quelques parties, le comment de la formation des mines de charbon, elle paroît, dans le canton qui fait le sujet de ces observations, avoir semé avec profusion les traces faites pour nous instruire sur la formation des schistes & grès qui recouvrent ces mêmes mines, et paroissent devoir nous guider dans l'explication que je vais essayer de donner sur celle de ce charbon. J'observerai :

1°. Que quoiqu'il y ait plusieurs mines de charbon dont l'origine paroisse appartenir à de grands enfouissemens de bois dans le sein de la terre, il y en a aussi une très-grande quantité, et les mines des environs de Saint-Etienne sont du nombre, qu'on ne peut absolument rapporter à cette cause ; d'abord en ce qu'on n'y distingue aucune trace quelconque qui puisse faire soupçonner une origine ligneuse, et ensuite à raison de la disposition de ce charbon dans ce qu'on appelle couche ou veine : elles sont composées de plusieurs lits appliqués parallélement les uns sur les autres, et ayant plus ou moins d'épaisseur à la manière des schistes & autres dépôts argileux.

2°. Que ces couches de charbon sont placées, à la manière des dépôts, entre les couches de grès ou de schiste, qui ne sont elles-mêmes que des dépôts, & sont de même plus épaisses à mesure qu'elles s'éloignent du sommet du coteau contre lequel elles sont appuyées.

J'observerai ensuite 1°. qu'il est bien reconnu

aujourd'hui que le bitume qui entre dans la composition des charbons, a une origine végétale ou animale.

2°. Que les bitumes sont dus à l'action ou réaction d'un acide sur une huile ou une matière grasse.

3°. Que les animaux marins affectent tous assez volontiers par famille des cantons particuliers, et que lors de leur destruction, l'acide animal réagissant sur leur matière grasse, doit nécessairement la changer en bitume.

Remontant à présent à une époque assez reculée pour que la plaine où sont situées ces mines fût couverte d'eau, jusques par dessus les montagnes, que j'ai dit plus haut la borner au midi & au nord, et qui ne sont pas très-élevées, elle devoit présenter alors des bas fonds qui pourront avoir servi de refuge à une immense quantité de mollusques & zoophites membraneux ou gélatineux qui auront affecté principalement les élévations produites dans ces bas fonds par les dépôts argileux, dûs à la destruction opérée par l'eau sur l'organisation de la pierre des montagnes. Lors de la destruction de ces zoophites, qu'elle soit momentanée ou successive, leur acide réagissant sur leur matière grasse en auroit formé un bitume, qui alors auroit pénétré les différentes couches argileuses, qui leur servoient de base, à plus ou moins de profondeur, suivant la quantité plus ou moins grande de ces zoophites, et auroit changé ces couches argileuses en charbon de terre, qui, d'après cela, doit conserver l'organisation de ces mêmes couches, et être, ainsi qu'elles, plus épais dans les parties basses que dans les parties hautes, parce que ces animaux auroient été en effet accumulés en plus grand nombre vers ces parties basses : d'ailleurs, durant le séjour de ces animaux, les eaux n'auront pas cessé de travailler sur la roche des montagnes, en la décomposant et déposant lentement sur le groupe de ces animaux la terre argileuse, fruit de cette décomposition, qui en se pénétrant par la suite aussi du bitume produit par la destruction des animaux, aura augmenté l'épaisseur de la couche de charbon. C'est cette partie qui peut contenir quelquefois des coquilles ; mais très-rarement et accidentellement (2) : parce que, d'après ce que je viens de dire, ce charbon ne pourroit venir que de la destruction des animaux marins permanens, membraneux ou gélatineux, telles que plusieurs espèces de zoophites, et non des animaux marins testacés ou coquillages.

On pourroit, d'après cela, rendre aisément raison pourquoi les mines de charbon ne se rencontrent jamais en filon, ainsi que les autres mines, mais toujours par couches, situées entre les dépôts de grès ou schiste, qui par la suite sont venus se placer dessus, ainsi que nous le verrons plus bas, et pourquoi elles se rencontrent quelquefois par amas.

On pourroit de même rendre raison des différentes couches successives de charbon séparées par des couches de schiste ou grès, en supposant qu'une révolution auroit recouvert ces zoophites par des dépôts de ces substances, qui ensuite auroient servi de patrie à de nouveaux hôtes du même genre.

Mais ce qui, surtout, a été jusqu'ici l'écueil des différentes explications qu'on a donné sur la formation des mines de charbon, et qui pourroit s'expliquer par celle que je viens de leur donner, ce sont ces interruptions si fréquentes dans les couches de charbon, qu'on appelle failles et crins dans quelques provinces, & nerfs dans le Forez. Si l'on suppose que ces animaux ont laissé quelques parties du terrein qu'ils occupoient à découvert, comme j'ai dit plus haut que les lits argileux qui formoient la base sur laquelle ils reposoient, ne seroient pas seuls changés en charbon, mais qu'ils seroient surmontés d'autres lits formés par l'argile déposée lentement sur les animaux marins, on concevra aisément que lorsque ce charbon viendra à être recouvert par les différentes couches de schiste et grès, il y aura nécessairement dans ces endroits des interruptions, qui seront ces nerfs ou failles.

En adoptant cette formation, on rendroit aussi facilement raison pourquoi le charbon n'est jamais recouvert par le granit (3), et très-rarement par la pierre calcaire secondaire ou muriatique (4), étant postérieur au granit, il ne peut se trouver dessous. Datant de la même époque, ou à peu près que la formation de la pierre calcaire secondaire, il n'en seroit pas de même ; mais si l'on fait attention que la pierre calcaire secondaire doit son origine à la décomposition des animaux à coquilles, et le bitume à celle des animaux marins sans coquilles du genre des zoophites, et qu'on adopte ce que j'ai dit, que ces animaux affectoient des cantons particuliers; on verra que là où se formoit du bitume, il ne pouvoit se former de masse de pierre calcaire; & que là où se formoient des masses de pierre calcaire, il ne pouvoit se former des masses de bitume; je dis des masses de bitume, car la pierre calcaire contient toujours et même doit contenir des parties bitumineuses, et cela plus ou moins, suivant que les animaux testacés, qui l'ont produit, étoient plus ou moins gros à proportion de leurs enveloppes (5).

Si dans la formation des mines de charbon de la plaine de Saint-Etienne, la nature nous a tout laissé à deviner, il semble qu'elle s'y est plu au contraire à dévoiler elle-même son secret quant à la formation des schistes et grès qui recouvrent ces mines. Je remarquerai d'abord :

1°. Que les schistes qui, ainsi que les grès, sont des détrimens du kneiss micacé qui borde cette plaine, ne diffèrent des grès qu'en ce que leurs parties intégrantes plus décomposées, à l'exception du mica, y sont à l'état d'argile; et en effet, en passant de la première variété des grès micacés, dont le grain est très-fin et les feuillets très-minces, à la première et seconde variété des schistes, où l'on retrouve souvent encore quelques-uns de ces mêmes grains, mais où la plus grande partie de la ſubstance de cette pierre est formée de terre argileuse, la dégradation se fait insensiblement; de sorte qu'on ne peut se refuser à regarder ces deux pierres comme composées des mêmes parties intégrantes, mais dans un état différent, dont nous verrons bientôt la cause.

2°. Que la plus grande partie de ces schistes est semée d'impressions de plantes de la nature des fougères, polypodes, capillaires, roseaux, &c. qu'on y rencontre même des fragmens plus ou moins considérables de bois.

3°. Que lorsqu'on délite ce schiste, ainsi chargé d'empreintes, pour les mettre à découvert, on remarque sur une moitié l'empreinte en relief de la plante, tandis que l'autre moitié la présente en creux. Cette plante a donc été renfermée entre les deux couches de schiste; mais qu'est-elle devenue, il n'en reste plus aucune trace? Je trouverai la réponse à cette question, en observant que dans le moment où l'on découvre cette empreinte, si surtout on le fait avec précaution, elle est communément recouverte d'une poussière, qui, vue à la loupe, est composée de petites parties de charbon. Cette plante s'est donc décomposée, et l'acide végétal par sa réaction sur sa partie huileuse, l'a changé en un véritable charbon. J'ai même de ces empreintes qui sont restées recouvertes par une couche infiniment mince de charbon. Il en est de même du bois, à l'exception qu'à raison de sa plus grande solidité, son organisation n'a pas été aussi détruite, et que quoique bituminisé en tout ou en partie, il en conserve encore des traces (6).

4°. Que lorsque ces schistes contiennent de petites veines de charbon interposées entre leurs couches, en les délitant suivant ces veines, on trouve sur le schiste au dessus et au dessous de cette petite veine de charbon, une empreinte qui pour l'ordinaire paroît être celle d'un roseau. Or comme cette espèce de plante offre plus de volume qu'aucune autre de celles dont on trouve les empreintes dans cette substance, elles ont aussi donné naissance à une couche beaucoup plus épaisse de charbon, et que l'on conçoit devoir être d'autant plus épaisse que les roseaux étoient plus volumineux.

5°. Que les grès présentent les mêmes petites veines de charbon que les schistes, et que si on n'y rencontre pas d'empreintes bien marquées des plantes citées ci-dessus, ainsi qu'on le fait dans les schistes, c'est à raison de ce que la grosseur de leurs grains ne leur a pas permis de se mouler sur ces plantes, ainsi que l'ont fait les schistes. Cependant on y rencontre quelquefois, et surtout sur le grès le plus fin, les empreintes des plantes les plus fortes, comme, par exemple, celle des roseaux. On doit donc attribuer à ces petites veines de charbon dans les grès, la même origine qu'à celles qui se rencontrent dans les schistes micacés.

Cela posé, en rapprochant, pour la formation de ces schistes et grès, l'époque où j'ai dit que j'imaginois que s'étoient formées les mines de charbon, ce qui doit être, puisqu'elles sont recouvertes par eux, il est incontestable que les chaînes de montagnes, qui bordent la plaine au nord et au midi, devoient être en partie à découvert, pendant que la plaine étoit encore couverte par les eaux. Les détrimens de la roche de ces montagnes devoient donc y être chariés, soit par les courans habituels qui s'y étoient établis, soit par ceux momentanés et dépendans des différentes averses qu'elles éprouvoient ; et l'étoient en effet, soit à l'état de sables, soit dans un état plus divisé encore, et réduit en terre. Dans le premier cas, ils ont donné naissance aux grès, ou aux poudingues lorsque les causes plus fortes transportoient avec les sables des fragmens plus gros de la roche primitive ; et dans le second cas, ils ont donné naissance aux schistes, qui devoient alors se superposer sur les grès, pour recevoir ensuite de nouvelles couches de grès, de schistes, &c. &c. Les grès venant donc du détriment des kneiss micacés, doivent en contenir tous les élémens, et suivant la même proportion qu'eux ; aussi y rencontre-t-on beaucoup de sables quartzeux, des grains de feldspath, qui peuvent avoir été apportés par les courans de la masse granitique, et surtout le mica en plus ou moins grande abondance. Le ſchiste provenant aussi de la décomposition plus complette de la même roche, doit contenir ces mêmes élémens, mais à l'état de terre ; et le mica étant de toutes les substances qui composent ces roches, celle qui se décompose le plus difficilement, ces schistes doivent contenir, et contiennent en effet une très-grande quantité de mica réduit en paillettes extrêmement fines (7). Mais lorsque par ces grandes averses, qui devoient dans ce temps arriver assez souvent, et être très-fortes, la terre qui étoit en grande partie couverte d'eau, devant rendre l'évaporation très-considérable, les détrimens des montagnes étoient transportés dans la plaine, ils devoient s'y déposer suivant leur gravité ſpécifique. Les sables s'y déposoient donc les premiers, entraînant avec eux beaucoup de mica, qui y étoit si abondant, et formoit les grès; mais ils devoient très-souvent entraîner avec eux beaucoup de terres, et c'est à cette grande quantité de terre argileuse, que contiennent les grès de la plaine de Saint-Etienne, qu'on doit sans doute attribuer la facilité que la plus grande partie a à se décomposer, ce qui les rend de peu de durée dans la bâtisse. Cependant ces averses qui devoient dévaster les cantons qui les éprouvoient, entraînoient avec elles des plantes, des fragmens de bois, &c. &c. Ces corps plus légers restoient suspendus dans l'eau, pendant que la précipitation des sables et autres parties pesantes avoit lieu, pour se précipiter à leur tour avec les parties terreuses qui étoient suspendues avec elles. De là l'origine des schistes et des plantes interposées entre leurs couches, qui à la suite s'étant changées en bitume, par la réaction de leur acide ſur leur partie huileuse, n'ont plus laissé de traces d'elles que par leur empreinte et la poussière ou couche imperceptible de charbon, qu'on peut aisément y remarquer lorsqu'on les observe sur les lieux (8). Lorsque ces plantes sous un même volume présentoient plus de substance, comme, par exemple, les roseaux, la couche de charbon est devenue plus épaisse et d'une étendue proportionnée à la quantité de ces plantes qui étoient en contact les unes aux autres. On trouve de ces schistes où la terre argileuse s'est déposée avec une si grande quantitéde ces plantes, que les couches de schiste qui séparent celles de bitume, qui communément n'ont guère que depuis un quart de ligne jusqu'à une ligne d'épaisseur, sont presque égales à ces mêmes couches de bitume : dans ce cas le schiste est lui-même très-bitumineux. Mais les plantes n'étoient pas les seuls corps qui étoient chariés avec la terre argileuse, fruit du détriment de la roche des montagnes, des fragmens de bois l'étoient aussi, mais en bien moindre quantité. Ils ont dû alors se précipiter en même temps que ces plantes, et se retrouvent aussi, aujourd'hui, indistinctement dans les schistes, soit entiérement à l'état de charbon, soit simplement en partie. On sait que lorsque les bois sont privés du contact de l'air, ils se conservent très-long-temps ; il ne seroit donc pas étonnant que plusieurs d'entr'eux n'aient pas éprouvé une décomposition assez complette pour mettre en contact tout ce qu'ils pouvoient avoir d'huile et d'acide : plusieurs dans ce cas ont plutôt éprouvé une pétrification bitumineuse, si je puis m'exprimer ainsi, qu'une véritable bituminisation (9) ; aussi toute leur organisation est-elle conservée, et on y distingue parfaitement toutes les parties du bois.

Lorsque les parties intégrantes du grès étoient chariées avec abondance et se précipitoient de même, elles devoient aussi entraîner souvent avec elles dans leur précipitation les mêmes plantes, qui par leur décomposition ont de même donné lieu dans ces grès aux petites veines de charbon qu'on y rencontre, et qui, ainsi que je l'ai dit plus haut, y ont laissé moins de traces de leur origine que dans les schistes, à raison de ce que la grosseur de leurs grains ne leur permettoit pas de se mouler sur ces plantes. On y découvre cependant quelquefois au dessus et au dessous de ces petites veines de charbon, des empreintes de roseaux grossiérement indiquées, mais néanmoins assez pour les reconnoître, surtout après les avoir vus ſur les schistes. Comme ce n'est qu'en entraînant forcément ces plantes que les parties du grès les ont précipitées avec elles, elles y doivent être et y sont en effet moins répandues que dans les schistes (10).

Telles sont les idées que l'étude de la nature, faite sur les lieux et avec toute l'attention dont mon goût pour l'histoire naturelle peut me rendre susceptible, m'a fait naître à l'égard de la formation des mines de charbon et du sol qui les recouvre, dans la plaine de Saint-Etienne. L'observation seule peut instruire si cette formation peut de même être rapportée à d'autres mines de charbon, et quelles sont ces mines. Il paroîtroit donc constant que le règne minéral et le règne végétal se partageroient l'origine des mines de charbon, dont la formation seroit parfaitement dans le même rapport; car on conçoit que les mêmes averses, dont nous avons parlé plus haut, s'étant fait éprouver dans des cantons dont les montagnes étoient couvertes d'arbres, auroient pû, dans nombre de circonstances, déraciner et entraîner plus ou moins de ces mêmes arbres et dans différens temps, et les déposer ensuite, soit dans la plaine, soit sur le penchant des coteaux qui pouvoient s'y rencontrer. Il est aisé de sentir qu'il est très-facile de leur appliquer alors le même raisonnement que je viens de faire à l'égard des amas de zoophites et autres animaux marins membraneux, pour la formation des mines de charbon qui auroient pu en résulter; mais ces mines doivent nécessairement présenter alors des traces certaines pour les faire reconnoître, et je ne crains pas d'avancer que ces traces doivent être d'un tout autre genre que celles que présentent les mines de charbon du Forez; car quoique mes observations se soient bornées aux environs de Saint-Etienne, j'ai tout lieu de croire, d'après ce que les auteurs et principalement M. Le Camus de l'académie de Lyon (*a*) ont dit, que les mines de Saint-Chaumont et de Rive-de-Gié ont une origine pareille à celle de Saint-Etienne (11).

On rencontre assez communément dans les couches de schistes des environs de Saint-Etienne, des lits de mine de fer limoneuse, qui n'est visiblement autre chose que la substance même du schiste pénétrée d'ocre martiale, qui contribue même à en augmenter la compacité et la dureté. Cette mine de fer limoneuse, qui d'ailleurs, partout où je l'ai observé, a très-peu de suite, et quoique assez riche dans nombre de ses morceaux, ne pourroit d'après cela former l'objet d'aucune spéculation, se présente sous deux aspects différens : tantôt ce sont des

(*a*) Dissertation sur l'origine des mines de Houille. *Journal de physique, mars 1779, p. 178.*

corps

corps plus ou moins gros, oblongs, sphéroidaux; alongés ou aplatis ; d'autres fois ce sont des morceaux cloisonnés à la manière des ludus : ces derniers sont habituellement plus riches en fer que les précédens. Mais comment ces mines de fer se sont-elles formées dans ces schistes dus aux transports des décompositions terreuses de la roche des montagnes bordant la plaine ? Pour répondre à cette question, je crois qu'on est forcé d'admettre une formation différente pour chacune de ces deux variétés de mine de fer limoneufe. Et quant à la première, j'observe que parmi les kneiss micacés qui bordent la plaine, il en est plusieurs qui ont des parties contenant abondamment de ce métal : on en trouve entre autres une charmante variété sur le coteau où est situé le village qu'on nomme la Tour, au pied des montagnes de la chaîne du nord. Ce kneiss, qui est en feuillets très-minces, a tous ses feuillets séparés par une couche d'hématite, qui quelquefois même est très-épaisse. Or dans les instants où se faisoient les transports terreux, il sera nécessairement arrivé des temps où des parties de ces transports auront dû leur origine à la décomposition de semblables parties de rocher contenant du fer ; aussi nombre de schistes de la plaine sont-ils visiblement colorés par le fer, qui y est en plus ou moins d'abondance. Voilà donc quelle paroît être l'origine de ce schiste martial. Mais par quelle raison, dans les parties qui paroissent être les plus riches en fer, affecte-t-il ces formes sphéroidales, &c. &c. qui toutes sont composées de couches concentriques, sans avoir la prétention d'en assigner la véritable cause ? Voici comment je la conçois. Tout le monde connoît, et peut avoir observé, ce tournoîment qui arrive dans les eaux, lorsque quelqu'obstacle s'opposant à leur courant les fait refluer sur elles-mêmes. Or dans le moment où les eaux se retiroient de la plaine, il dût s'y établir différens courans, qui rencontrant partout des obstacles, cette plaine étant garnie de collines et coteaux, ont dû y former de ces grands tournoîmens. Les dépôts terreux qui faisoient le fond de ces eaux devoient alors y être remués : si ces dépôts étoient de l'espèce de celui qui contenoit beaucoup d'ocre martiale, il se sera d'abord formé de petits noyaux, qui, pressés tout au tour par le fluide environnant, devoient prendre une forme approchant, plus ou moins, de la sphérique. Ces corps une fois formés, et même ayant d'autant plus de consistance qu'ils contenoient plus de molécules martiales, ne pouvoient que croître par de nouvelles couches qui se posoient tout au tour. De-là la naissance de ces mines de fer limoneuses partielles, à couches concentriques, et déposées suivant les couches du schiste. Cette formation pouvoit de même avoir lieu, quoique les dépôts terreux formant la base des eaux où se formoient ces tournoîmens ne continssent point assez de parties martiales pour les changer en mines de fer limoneuses; aussi peut-on distinguer cette même formation dans plusieurs endroits où elles n'ont fait autre chose qu'un amas de ces mêmes corps sphéroidaux, de la même nature que la pierre environnante ; c'est ce qu'on peut observer, par exemple, dans la roche d'un coteau nommé Lacroix, dans la partie tournée à l'est. Mais cet événement devoit être moins commun que le premier, parce que ces corps sphéroidaux pour se former avoient besoin d'un noyau primitif, et que ce noyau qui en se formant acquéroit assez de solidité pour résister au mouvement de l'eau, lorsque la substance martiale s'y rencontroit, devoit difficilement en acquérir assez, lorsqu'il étoit au contraire dénué de ces particules martiales (12).

Quant à la formation de la mine de fer limoneuse, cloisonnée à la manière des ludus, on n'y remarque pas les mêmes couches concentriques, mais plusieurs enveloppes plus ou moins épaisses, très-compactes, et assez ordinairement plus riches en fer que la variété précédente, placées à coté l'une de l'autre, et renfermant des cavités assez ordinairement remplies par un noyau ocreux, d'un tissu beaucoup plus lâche. Dans plusieurs, le fer qui colore ce noyau étant à l'état d'éthiops, le colore en noir. Assez ordinairement aussi le fer est à l'état d'éthiops dans ces enveloppes qui sont aussi colorées en noir, et qui, malgré leur compacité, due au rapprochement de leurs parties, laissent appercevoir, par une infinité de petites parcelles de mica disséminées dans leur substance, qu'elles sont en effet dues aux mêmes dépôts que les schistes, pénétrés par la substance martiale. Cette variété, selon moi, doit son origine à des noyaux pyriteux, décomposés par voie humide, et dont l'acide vitriolique, étendu d'eau , ayant porté son action sur le fer , l'a dissous ; et l'a ensuite charié dans le schiste qui l'entouroit. Mais d'où pouvoient venir ces pyrites ? et surtout d'où provenoit l'acide vitriolique , qui nécessairement devoit concourir à leur formation ? Il n'a jusqu'ici été question que de l'acide animal et de l'acide végétal. Sans remonter à la cause qui peut modifier l'acide animal & l'acide végétal , qui eux-mêmes ne sont que des modifications de l'acide phosphorique universel , à l'état d'acide vitriolique , il est certain que dans nombre de circonstances , cette modification a lieu ; et les poissons , coquilles et bois pyritisés qu'on rencontre si souvent , déposent en faveur de cette vérité , qui a déja été reconnue par MM. Sage et de Romé-de-l'Isle , ainsi que par le docteur Demeste. Si donc , par un événement quelconque , dont il m'est impossible d'assigner la véritable cause , l'acide animal ou végétal a été modifié à l'état d'acide vitriolique , en s'unissant au phlogistique et au fer , qui sont une suite de la décomposition de ces mêmes substances , il a dû nécessairement en résulter des pyrites. Si la cause qui a opéré cette modification étoit locale , ainsi qu'il y a à parier qu'elle a dû l'être souvent , trouvant dans des cantons des mines de charbon très-pyriteuses , tandis que souvent à coté d'elles d'autres mines n'en contiennent point , ou du moins très-peu , elle aura donné naissance à un amas de pyrites , qui ensuite aura été recouvert par les dépôts terreux. Si dans cet état ces pyrites viennent à se décomposer , je conçois qu'alors elles peuvent donner lieu à ces couches de mine de fer limoneuse, cloisonnée. Outre les différens endroits des environs de Saint-Etienne où l'on peut observer cette variété, dont on voit plusieurs morceaux sur lesquels, ainsi que sur les schistes, on trouve des empreintes de plantes, on en trouve une fort belle sur le coteau de Champ-de-Grillet, situé à la porte même de Saint-Etienne. Dans cette variété, qui est très-compacte et colorée en noir foncé, on apperçoit très-aisément la grande quantité de paillettes de mica qui, en outre des empreintes de plantes que je viens de dire qu'on rencontroit sur quelques morceaux, dépose sur la nature de la base de cette mine, qui est la même que celle du schiste.

J'ai dit plus haut qu'il paroissoit certain que dans nombre de circonstances, l'acide animal et végétal étoient modifiés à l'état d'acide vitriolique. La grande quantité de pyrites qu'on rencontre dans nombre de couches de charbon, annonce que, même dans le travail de la nature qui a donné naissance à ce charbon, cette modification a souvent eu lieu ; et lors de leur décomposition dans ces mines, le foie de soufre qui en résulte, colore les charbons des plus jolies couleurs : j'ai vérifié cette observation, faite déja par nombre d'auteurs, et j'ai rarement trouvé de ces morceaux colorés, sans les voir accompagnés de quelques traces de pyrites, non encore décomposées. On trouve souvent dans ces mines de charbon des masses de pyrites très-volumineuses. Mais ce qui annonce encore mieux le passage de l'acide végétal à l'état d'acide vitriolique, sont des morceaux de bois pyritisés qu'on trouve assez communément dans les dernières couches de schiste, posées sur les mines de charbon. Dans ces morceaux, le bois a éprouvé différentes altérations; une partie est bituminisée, et l'autre pyritisée, mais entremêlées de manière que les traces de la texture ligneuse étant parfaitement conservées, la partie pyritisée se présente par des stries très-fines, suivant les fibres originaires du bois. Je conserve dans mon cabinet un morceau qui appartient bien sensiblement à une fort grosse tige de roseau pyritisée et bituminisée de même. Mais un des morceaux les plus intéressans dans ce genre, et que j'ai trouvé de même dans les premières couches de schistes attenantes aux mines de charbon, d'une fouille située à la montée des Capucins, près du chemin de Montbrison, c'est un assemblage de roseaux, placés suivant différens sens, qui sont de même pyritisés et bituminisés, mais où la partie bitumineuse l'emporte de beaucoup sur la pyriteuse.

Au pied du Mont-Brunant, où existe une très-grande quantité de traces d'une mine de charbon qui a brûlé autrefois, et près d'une nouvelle mine de charbon exploitée aujourd'hui, il existoit dans le schiste une couche de mine de fer limoneuse, de la premiere des variétés que j'ai décrites, qui a éprouvé l'action du feu; ce qui en a phlogistiqué le fer, qui aujourd'hui y paroît à l'état d'éthiops martial pur, placé entre les couches des morceaux de cette mine. Ces morceaux, qui sont très-intéressans, sont très-abondans dans ce canton ; et l'éthiops ; qui y est plus ou moins sensible au barreau aimanté, et quelquefois légérement magnétique, paroît souvent sous la forme de très-petits cristaux fort brillans, dont la forme m'a été impossible à saisir, et dont l'aspect approche de celui de la mine de fer sublimée de Woolwick.

Cette mine de charbon du Mont-Brunant, dont je viens de parler, n'est pas la seule, dans les environs de Saint-Etienne, qui présente des traces du feu, qui, dans des temps dont il n'est resté aucune mémoire, les a consumées ; mais elle est celle où il paroît que l'action du feu se soit étendue sur l'espace le plus grand : on voit des traces bien caractérisées de ce feu depuis une distance assez considérable du pied du coteau qui porte le nom de Mont-Brunant, jusqu'au sommet du même coteau, qui ne laisse pas que d'être élevé. Il en existe une autre sur un coteau, au pied duquel eſt le village de Terre-Noire, à environ trois quarts de lieue de Saint-Etienne sur la route de cette ville à Lyon ; une autre aussi à trois quarts de lieue de cette même ville, mais dans une direction opposée, entre elle et le village nommé la Ricamari. Toutes ces mines aujourd'hui sont éteintes ; mais une autre où le feu existe encore, et qui eſt intéressante par les différens effets qu'il a opéré et opère encore tous les jours sur les pierres qui avoisinent cette mine, est celle qui existe à une lieue à l'ouest de Saint-Etienne, dans le même canton de la Ricamari. Plusieurs auteurs ont parlé de ces mines incandescentes, mais aucun, que je sache, n'a décrit les effets du feu sur les pierres formant le sol de ces mêmes mines ; ils doivent être différens suivant la nature de ce sol. Comme dans les environs de Saint-Etienne il n'est absolument formé que de schiste et grès, ce sont ces pierres seules qui vont donner lieu au vaste tableau lithologique que je vais donner de l'effet du feu sur elles, en le faisant précéder d'un court détail sur l'état actuel de cette mine brûlante (13).

A une lieue à l'ouest de Saint-Etienne, près de la chaîne des montagnes du midi, est un canton qu'on nomme la Ricamari : là, depuis un laps de temps considérable, brûle une mine de charbon, dont il paroît qu'il seroit difficile de remonter à la véritable époque de l'inflagration, sur laquelle on ne sait autre chose dans le pays, sinon que les anciens terriers la fixoient comme limite, il y a plus de trois cens ans. Le feu qui a pris une direction de l'est à l'ouest, a occupé successivement un espace de deux à trois cens toises, et est aujourd'hui fixé à l'extrêmité est de cet espace, où il ne se fait appercevoir que par une odeur forte, bitumineuse, qu'exhale cet endroit, et quelque peu de fumée que l'on voit sortir çà et là par de petits trous, qu'on peut regarder comme de petits soupiraux de cette espèce de volcan accidentel : ce sont aussi ces soupiraux qui répandent principalement l'odeur bitumineuse que cet endroit fait sentir. En mettant la main dans ces trous, on y éprouve une forte chaleur, qui fait sur elle la sensation de l'eau bouillante. Après quelques jours de pluie, cette chaleur augmente considérablement d'intensité, et elle est alors trop forte pour pouvoir la supporter quelque temps. La fumée qui s'exhale de ces trous est aussi plus considérable (14). Lorsqu'ils ont été quelque temps sans être remués, il se sublime sur les pierres qui les tapissent un sel mixte, qui, à en juger par l'impression qu'il fait sur le goût, est un composé d'alun et de vitriol martial. Dans le premier moment où on le met sur la langue, il y fait la sensation de l'alun, à laquelle succède le goût d'encre du vitriol martial; aussi la dissolution en est-elle colorée par l'infusion de noix de galle et celle du thé. Les pierres qui recouvroient cette mine sont, à en juger par la nature de celles qui les avoisinent immédiatement, du même genre que dans toute la plaine des environs de Saint-Etienne, schiste et grès. Le schiste y est très-friable et se délite en lits très-minces : le grès y est, soit à grains fins, déposé aussi par couches minces, soit à grains plus gros, dont les lits sont beaucoup plus considérables. La réaction des acides, qui se dégagent par l'inflagration de cette mine, agissant sur le grés, qui est joignant et n'a pas été attaqué par le feu, en détruit la texture, au point que ces pierres, sans changer d'aspect, n'ont plus de tenu quelconque, et la moindre pression les réduit en sable dans la main. Tel est le détail de l'état actuel de cette mine de charbon embrasée.

Passons maintenant à celui de l'effet qu'elle a produit sur les pierres qui en formoient le sol;

ce que je vais faire en forme de catalogue, pour rendre plus aisé à saisir le passage d'un effet au suivant, surtout d'après le parti que j'ai pris de placer en tête de chaque substance les variétés que l'on rencontre sur le lieu, n'ayant point éprouvé l'action de la mine incandescente de la Ricamari.

Effet du feu sur le Schiste.

1°. Schiste micacé.

2°. Autre morceau du même schiste, mais coloré par le fer qui y est à l'état d'ocre. Les bords de ce morceau sont plus colorés que le centre, ce qui explique pourquoi lorsque ce schiste a éprouvé l'action du feu, il y a des parties colorées fortement en rouge, tandis que d'autres le sont foiblement, ou même souvent pas du tout.

3°. Même schiste imprégné légérement de bitume.

4°. Même schiste, contenant une petite veine de charbon, qu'on peut aisément remarquer sur un des cotés de ce morceau.

5°. Le même schiste plus imprégné de bitume, ce qui le rend plus compacte que le précédent.

6°. *Idem*, avec empreintes de végétaux.

7°. *Idem*, plus imprégné de bitume, et portant de même sur sa surface une empreinte de végétaux, sur laquelle il reste encore trace de la couche de charbon qui la couvroit.

8°. *Idem*, ayant une empreinte de végétaux recouverte d'un enduit luisant et coloré en jaune, analogue à cet enduit gommeux dont j'ai parlé dans le courant de l'article concernant la formation des charbons.

9°. Schiste auquel le feu a fait éprouver un léger degré de fusion ; il est de couleur gris bleuâtre, d'un tissu très-compacte, et donne, ainsi que tous les suivans, de très-vives étincelles, frappé avec le briquet. Il est aisé de distinguer à l'œil nu, qu'il a éprouvé un premier degré de fusion, qui a réuni et fait un tout homogène de ses parties.

10°. *Idem*, ayant éprouvé un degré de fusion un peu plus considérable, sa couleur est moins foncée que celle du morceau précédent.

11°. Schiste dans le même état de fusion que le précédent : il est aussi d'une couleur plus claire, et est traversé par des veines noires, que je regarde comme devant leur origine à de petites veines de charbon, qui se seront trouvées dans ce schiste.

12°. Schiste ayant aussi éprouvé un degré de fusion : il eſt fortement coloré en une belle couleur rouge de brique par le fer phlogistiqué ; car il est hors de doute que cette variété appartienne au schiste coloré par le fer, dont j'ai parlé au n°. 2.

13°. Schiste dans un degré de fusion, analogue aux morceaux précédens : il est coloré par parties par le fer en rouge-brun, les autres parties étant d'un bleu foncé. Il contient en outre quelques petites parties vitrifiées et passées à l'état de véritable émail blanc.

14°. *Idem*, où toutes les couches ou lits du schiste sont très-ſensibles, par la différence de couleur de celles du morceau : une d'elle, qui est d'un rouge de brique très-foncé, est attirable au barreau aimanté.

15°. et 16°. Deux morceaux de schiste, dans le même degré de fusion, et coloré en partie en rouge de brique pâle & en gris bleuâtre. Le morceau, n°. 2, explique très-bien la raison de cette différence de couleur. Ces deux morceaux portent l'empreinte des végétaux, qu'on voit très-souvent sur celui qui n'a pas éprouvé l'action du feu.

Nota. J'observerai ici que quoique j'aie trouvé une grande quantité de ces schistes ayant éprouvé l'action du feu, portant des empreintes de végétaux, je n'y ai jamais rencontré que celles des plantes, de la classe des roseaux : ce qui revient à ce que j'ai remarqué à la note 7, que dans les schistes les plus élevés c'est le genre de plante qui fournit plus habituellement les empreintes ; et ici il n'y a nul doute que ces schistes n'appartiennent aux derniers lits, c'eſt-à-dire à ceux qui avoisinent le plus la superficie de la terre où ils se rencontrent.

17°. Schiste qui paroît avoir éprouvé un degré de fusion plus considérable que celle des morceaux précédens : il est de même coloré en partie en rouge-pâle et en gris bleuâtre.

18°. Schiste qui présente un autre aspect que les morceaux précédens, mais qui cependant, ainsi qu'eux, a éprouvé un degré de fusion : il est d'un gris sale, traversé par de petites veines bleuâtres, dont plusieurs sont d'une finesse qui les laisse à peine perceptibles à la vue simple.

19°. Morceau de schiste portant une empreinte

de roseau, et dans un degré de fusion qui commence à approcher de l'émail : il est d'un blanc grisâtre, traversé par quelques petits filets rouges.

20°. Email blanc, produit par la vitrification du schiste, et en ayant conservé le tissu feuilleté.

21°. Fort joli morceau de schiste, à l'état d'émail, et où le tissu feuilleté du schiste est très-bien conservé et indiqué par des zônes de différentes couleurs, dues aux différens lits de schiste, et où domine sur-tout le rouge-brun et le blanc.

22°. Autre morceau de schiste, à l'état d'émail, et où les différens lits du schiste sont encore, s'il est possible, mieux indiqués, par des couches très-minces, alternativement blanches et rouges.

23°. *Idem*, coloré fortement en rouge par le fer.

24°. Morceau de schiste à l'état d'émail blanc, sur la superficie duquel les acides de la Ricamari ont commencé à réagir.

25°. *Idem*, où cet effet est encore plus sensible, l'émail ayant perdu une partie de sa solidité.

26°. *Idem*, ayant éprouvé une décomposition beaucoup plus avancée. Ce morceau, qui évidemment appartenoit à une variété analogue à celle du n°. 20, est friable, s'écrasant facilement entre les doigts, et réduit en grande partie à l'état d'argile happant la langue.

27°. Morceau de schiste rougeâtre, dans un état de fusion, à peu près analogue aux premiers morceaux. La partie du centre de ce morceau est à l'état de scorie noire, attirable au barreau aimanté, et que je soupçonne devoir son origine à une veine de charbon qui s'est trouvée dans cet endroit. Une des faces de ce morceau porte une empreinte de roseau : la face opposée contient quelques parties vitrifiées et passées à l'état d'émail blanc.

28°. Morceau de scorie noire, provenant aussi, à ce que je pense, d'un schiste bitumineux : elle est très-fortement attirable au barreau aimanté, et contient quelques parties colorées fortement en rouge : il contient aussi, de même que le précédent, quelques parties d'émail blanc.

Effet du feu sur le Grès à grains fins.

29°. Grès à grains fins, de l'espèce de la variété première de ceux que j'ai décrits : il a éprouvé une légère action du feu.

30°. Autre morceau de grès feuilleté à grains fins, qui a éprouvé aussi une légère action du feu, il a acquis plus de compacité et de dureté ; mais il n'est pas encore tout-à-fait dénaturé, et les paillettes de mica y sont encore sensibles : il eſt de couleur grise.

31°. *Idem*, sur lequel l'action du feu a été plus forte : il eſt beaucoup plus blanc que le précédent, et la cassure présente de petites veines rouges, dues aux parties martiales qu'il contenoit.

32°. Même grès, qui contenoit plus de parties martiales ; ce qui lui donne, vu surtout avec la loupe, un aspect pointillé de rouge, qui fait un fort joli effet.

33°. Morceau plus épais, où l'action du feu a

tellement confondu les couches, qu'à peine elles sont sensibles.

34°. Même grès, mais encore plus coloré par le fer que le précédent, et sur lequel sont des empreintes de roseaux, ainsi que j'ai dit qu'on en appercevoit quelquefois sur les grès fins.

35°. Même variété que le morceau précédent; mais dont un des bords est recouvert par une couche d'émail blanc.

36°. Grès à grains fins, qui a éprouvé du feu une action un peu plus forte que les précédens : il est coloré en rouge-pâle vineux, et divisé par des veines d'un brun noirâtre, très-attirables au barreau aimanté, et que je crois dues à de petites veines de charbon qui étoient dans le grès, et ont phlogistiqué le fer des parties qui y adhéroient, et dont la couleur du morceau annonce la présence.

37°. *Idem*, dont le fer est coloré en brun par grandes taches légérement sensibles au barreau aimanté.

38°. *Idem*, où le fer phlogistiqué se présente en petites ramifications imitant les dendrites.

39°. *Idem*, où les différentes couches du grès sont très-sensibles par les veines alternativement blanches et rougeâtres du morceau.

40°. Morceau de grès à grains fins, qui a éprouvé une plus forte action du feu que les précédens; il a même éprouvé un léger degré de fusion.

41°. Autre morceau de grès, à grains fins, où la fusion approche de la vitrification : on peut observer sur ce morceau une veine noire, poreuse et vitrifiée, qui paroît avoir été produite par une veine de charbon qui occupoit cette même place. On voit à découvert, sur la superficie de ce morceau, une veine pareille.

Nota. Les deux morceanx suivans de grès micacé, à grains fins, n'ayant éprouvé aucune action du feu, ne sont là que pour offrir un objet de comparaison, destiné à venir à l'appui de ce que j'ai dit sur quelques-unes de ces variétés.

42°. En regardant ce morceau avec une loupe, on distingue aisément qu'il est tacheté par une infinité de petits points ocreux, dus à une terre argileuse martiale, qui s'est déposée en même temps que les parties du grès; aussi happe-t-il légérement la langue : il explique très-bien la modification qu'a fait éprouver le feu aux morceaux 32, 33, 34 et 35.

43°. Est un morceau du même grès, dont plusieurs veines sont colorées en un jaune ocreux, et qui contient en outre plusieurs petites veines très-minces de charbon, rendues très-sensibles à la loupe. Il explique très-bien la plus grande partie des modifications décrites dans les morceaux précédens.

Effet du feu de la Ricamari sur le grès micacé de la variété 3, que j'ai dit, dans la liste des variétés de grès de la plaine de Saint-Etienne, servir dans le pays de pierre de taille.

44°. Grès micacé, à plus gros grains, servant dans le pays de pierre de taille, qui n'a point été altéré par le feu.

45°. *Idem*, coloré en jaune par le fer, et contenant l'extrêmité de deux petites veines de charbon d'environ d'environ une ligne d'épaisseur, placées l'une sur l'autre et séparées par une couche de grès de la même épaisseur.

46°. *Idem*, foiblement altéré par le feu, qui en a coloré le fer en un rouge très-foncé. Le mica y a éprouvé une altération qui l'a fait passer à l'état de talcite d'un blanc mat, ressemblant à de l'émail.

47°. *Idem*, qui a éprouvé une action plus considérable du feu et même de la fusion dans nombre de ses parties qui ont peu d'adhérence entre elles.

48°. *Idem*, dans lequel on distingue très-facilement à la loupe que nombre de ses parties ont été vitrifiées : il est parsemé d'une infinité de petits trous ; et comme sa substance est tachetée d'une très-grande quantité de petits points noirs, rouges et blancs, il présente au premier moment l'aspect d'un superbe granit très-fin. Il est attirable au barreau aimanté.

49°. *Idem*, où la vitrification est encore plus sensible, et l'est même à l'œil nu : il présente le même aspect que le précédent, mais la couleur blanche domine de beaucoup sur les autres.

50°. *Idem*, de même nature que les précédens, et formé par une très-grande quantité de couches de différentes nuances de rouge-brun ; ce qui fait un charmant effet.

51°. *Idem*, dans le même état que les précédens, mais beaucoup plus compacte : il est d'un rouge de brique pointillé de blanc.

52°. Autre morceau de grès, à grains fins, dans le même état que les précédens ; le fond en est rougeâtre, tacheté de noir, et divisé dans son milieu par une large bande blanche, qui tranche sur le fond, et fait un joli effet. Le dessus et le dessous de ce morceau sont recouverts par une couche mince, scorifiée, attirable au barreau aimanté.

Nota. Ces derniers morceaux, si l'on vouloit s'en rapporter au premier aspect, seroient aisément pris pour de très-beaux granits; mais en les examinant attentivement, on distingue très-bien que les parties colorées appartiennent au fer, plus ou moins phlogistiqué, et qu'ils ont tous éprouvé un degré de fusion et même de vitrification dans nombre de leurs parties.

53°. 54°. et 55°. Sont trois morceaux que j'ai pris dans l'intérieur des fours, construits pour le désoufrage du charbon de pierre, dans un canton qu'on nomme Roche, à une lieue de Saint-Etienne, entre la route du Puy et celle de Montbrison. Ces fours sont construits avec un genre de grès, analogue à celui de la Ricamari. Le feu répété du désoufrage leur a fait éprouver une altération absolument pareille à celle des morceaux que je viens de citer.

56°. Ce morceau est dans ce même cas, à l'exception qu'au lieu d'entrer dans la construction des fours, il avoit été compris dans la masse des charbons à désoufrer, et qu'il contenoit beaucoup de charbon, qui y est encore, mais à l'état de coak.

57°. Grès vitrifié, beaucoup plus compacte que les précédens : il est coloré en rouge, et sa pâte qui, par la fusion a réuni les grains les uns aux autres, de manière à n'en plus laisser de trace, paroît, d'après cela, plus homogêne. La partie supérieure de ce morceau est scorifiée et attirable au barreau aimanté.

58°. Morceau de grès, dans un état analogue aux morceaux que j'ai cités précédemment, et où la texture du grès est très-sensible, quoiqu'il soit en grande partie vitrifié : je le place ici, parce qu'il conduit naturellement aux variétés suivantes. Il est blanc, mêlé de rouge.

59°. La même variété que le morceau précédent, mais contenant une partie qui est absolument vitrifiée et totalement blanche. Ce morceau, ainsi que le précédent, est vraiment intéressant, en ce qu'il prouve, d'une manière non douteuse, que les variétés suivantes appartiennent bien véritablement aux grès.

60°. Morceau d'émail blanc, poreux, dû à la vitrification des grès précédens : il est entremêlé de quelques parties de scories vitreuses noires, attirables au barreau aimanté.

61°. *Idem*, où les scories vitreuses noires se présentent sous une masse plus considérable.

62°. Autre morceau d'émail blanc, poreux, contenant une masse très-considérable de scories noires, légérement colorées en rouge en nombre d'endroits de leur superficie ; ce qui, je crois, est l'effet de la réaction des acides qui se dégagent de la mine brûlante. Une observation qui se présente tout naturellement ici, c'est que toutes les altérations précédentes des grès ont annoncé la présence du fer, que l'on ne retrouve point dans le verre blanc ;

mais j'imagine que lors de la vitrification du grès, les parties martiales, séparées sans doute par l'intermède du charbon qu'il contenoit, se seront scorifiées avec lui, et auront donné naissance à ces scories vitreuses noires, attirables au barreau aimanté, qui accompagnent toujours cet émail blanc, qu'on trouve en masses très-considérables.

63°. Email blanc, compacte. Une partie de ce morceau est encore légérement poreuse, ce qui indique son origine : il est mi-partie d'un superbe blanc et mi-partie coloré par une légère teinte violette. Cet émail est très-beau.

64°. Autre morceau d'émail, mêlé, ainsi que le précédent, de très-beau blancet de violet tendre, et sur lequel on voit, en outre, quelques légères traces de scories vitreuses noires, attirables au barreau aimanté.

65°. Morceau d'émail jaune, compacte : il contient quelques parties très-petites de scories noires, attirables au barreau aimanté, et une partie de sa substance est d'un brun rougeâtre : vu à la loupe, on reconnoît que cette partie est due à un mêlange intime de cet émail avec des scories ; aussi est-elle attirable au barreau aimanté.

66°. Morceau dont une moitié est d'émail blanc poreux, tandis que l'autre partie eſt d'émail noir, aussi poreux, et non attirable au barreau aimanté, et qui, par les parties rouges que l'on y distingue, annonce que les acides qui se dégagent de la mine de charbon brûlante, ont réagi sur lui ; aussi ce morceau, humecté par la respiration, répand-il une forte odeur argileuse.

67°. Email noir, beaucoup plus compacte que le précédent, et qui peut très-bien être comparé à la pierre obsidienne ou de gallinace, dont il approcheroit infiniment, sans la porosité. Il n'est point sensible au barreau aimanté.

68°. Fort joli morceau d'émail jaune, entremêlé de quelques parties d'émail noir : il annonce, par la forte odeur argileuse qu'il répand à la respiration, la réaction des acides sur lui.

69°. Ce morceau, qui est fort beau, est intéressant pour faire bien sentir le passage de l'émail à l'argile par sa décomposition, qui ne peut être opérée que par la réaction des acides qui se dégagent habituellement de la mine de charbon brûlante : il est visiblement de la même nature que ceux que j'ai décrit sous les n°. 63 et 64 ; mais quoiqu'il soit très-dur et donne de très-vives étincelles, frappé avec le briquet, il a perdu tout le brillant et le poli de cette variété, et n'offre plus qu'un blanc mat : cependant, en l'examinant avec attention, on y retrouve encore nombre de petites parties, qui ont conservé leur brillant et n'ont nullement été altérées ; ce qui dépose bien sensiblement sur la véritable origine de ce morceau, qui répand, humecté par la respiration, une odeur argileuse et happe la langue.

70°. *Idem*, beaucoup plus décomposé, il répand une odeur très-forte, argileuse, happe la langue plus fortement que le précédent, ne donne plus d'étincelles, frappé avec le briquet, et se laisse aisément entamer avec le couteau : sa couleur est aussi devenue grise : en un mot, ce n'est plus qu'une pierre argileuse très-tendre, mais qu'on ne peut méconnoître pour avoir été précédemment un véritable morceau d'émail, analogue à celui décrit sous le n°. 64.

71°. Scorie noire, vitreuse, très-fortement attirable au barreau aimanté.

72°. Scorie noire, non vitreuse, cellulaire, aussi attirable au barreau aimanté : elle est d'un brun rougeâtre, et est parfaitement analogue aux scories volcaniques.

73°. *Idem*, à laquelle tient un morceau d'émail blanc. Je regarde ces trois derniers morceaux comme provenant du fer séparé du grès et scorifié à l'aide du charbon qu'il contenoit. J'imagine même que ces deux derniers morceaux étoient à l'état de scories vitreuses, et que ce n'est que par la réaction des acides, qu'ils ont perdu cet aspect ; aussi répandent-ils, humectés par la respiration, une odeur argileuse.

74°. Scorie vitreuse, noire, beaucoup plus compacte que les précédentes, et qui, à raison de la très-grande quantité de petits pores qu'elle contient, ressemble à certains basattes poreux : elle est très-fortement attirable au barreau aimanté, et se trouve en très-grandes masses, qui diffèrent des précédentes, en ce que, ainsi qu'elles, elles ne sont pas toujours accompagnées d'émail blanc.

75°. Cette variété, qui provient bien sensiblement de l'altération que la fusion a fait éprouver aux grès, rapproche, encore plus que la précédente, des basattes poreux : elle est très-compacte, d'un gris foncé, tacheté de blanc, et est parsemée de petits trous arrondis, d'un diametre égal à celui de gros grains de plomb. Elle n'est point attirable au barreau aimanté.

76°. Scorie vitreuse, très-poreuse, très-âpre au toucher, et légère : elle est de couleur grise, non attirable au barreau aimanté. Cette variété a un rapport marqué avec la pierre ponce ; ce qui tendroit à faire présumer que les roches granitoides, mêlées d'argile, pourroient, par l'action du feu des volcans, passer de même à l'état de scorie et de pierre ponce, et ajouteroit une donnée de plus aux travaux intéressans des célèbres Saussure et Dolomieux sur cet objet.

77°. Scorie vitreuse, analogue à la précédente, mais colorée par le fer en un brun rougeâtre, qui la rend attirable au barreau aimanté.

78°. Cette variété appartient au grès à plus gros grains qu'aucunes de celles citées jusqu'ici : les grains ont été altérés par le feu, et leur superficie, ayant éprouvé une légère fusion, leur a donné plus d'adhérence entre eux. Elle est attirable au barreau aimanté.

79°. Cette variété, qui appartient à la même espèce de grès que la précédente, a éprouvé une action plus forte du feu, et est plus vitrifiée. Ce morceau est poreux, et toutes ses cavités sont recouvertes par une couche martiale très-légère, attirable au barreau aimanté.

Nota. J'ai dit que dans les trous par où s'exhaloit

la fumée de la mine de charbon brûlante de la Ricamari, il se sublimoit un sel mixte, qui est un composé d'alun et de vitriol martial; ce même sel se rencontre aussi recouvrant nombre de morceaux dans les masses qui ont éprouvé anciennement l'action du feu; il s'étoit établi en conséquence dans cet endroit, une manufacture d'alun, qui dans ce moment n'existe plus.

80°. Ce morceau de grès pris dans un des trous par où sort la fumée de la mine de charbon brûlante est recouvert par une efflorescence en petites houpes soyeuses, blanches, de vitriol martial alumineux. Ce sel, dans cet état, mériteroit bien plutôt le nom d'alun de plume que le vitriol de zinc, auquel on a donné improprement ce nom.

81°. Morceau pris dans l'intérieur des masses, qui ont anciennement éprouvé l'action du feu: c'est un émail décomposé, dû à la vitrification du schiste, dont il a encore conservé le tissu feuilleté. Ce morceau, qui est dans un état parfaitement analogue à celui décrit sous le n°. 26, est entiérement pénétré par le même sel de couleur jaune foncée.

82°. Autre morceau, pris dans le même endroit, et recouvert en entier par le même sel, qui y est en petits cristaux, formés par des lames extrêmement minces, dont il est impossible d'établir la véritable forme: quelques-unes de ces petites lames ont une teinte verdâtre.

Telles sont les différentes suites que j'ai pu, d'après un examen très-attentif et souvent répété, observer dans les altérations opérées par le feu, sur les différentes pierres qui composent le sol de la mine de charbon brûlante de la Ricamari. Je n'ai pas la prétention de croire avoir tout vu ; il peut sans doute m'être échappé beaucoup de choses ; mais je crois avoir saisi du moins les altérations principales ; et quand ces observations n'auroient d'autre utilité que de pouvoir servir de guide aux observateurs qui viendront après moi , mon but seroit parfaitement rempli.

J'ai rapporté, avec quelque détail, les effets du feu de la mine de charbon enflammée de la Ricamari, sur les pierres qui en forment le sol, et en ai donné le catalogue, parce qu'il m'a semblé que cet objet de l'histoire naturelle , sur lequel on ne s'étoit point encore arrêté, n'étoit pas sans présenter quelqu'intérêt. On a pu voir dans ce catalogue, le rapport de quelques morceaux, dus à cette action, avec quelques-uns des produits des volcans : on connoît dans différentes provinces d'autres mines de charbon enflammées ; la nature du sol pourroit y avoir quelques différences, un détail exact de l'effet de ce feu sur les pierres qui le composent, ne pourroit-il pas, en nous présentant d'autres rapports, et peut-être même en plus grand nombre que la Ricamari, être d'une utilité réelle à l'observation des produits volcaniques ?

Avant de quitter la Ricamari, je dois citer encore une substance que j'y ai rencontrée (15), et qui, quoiqu'elle n'y soit qu'accidentelle , n'en est pas moins intéressante , étant du nombre des produits que la nature nous présente le moins souvent.

C'est un véritable bleu de Prusse, d'une teinte un peu grisâtre. Cette substance paroît être une terre argileuse, pénétrée et colorée par du bleu de Prusse. Elle étoit placée dans les environs, et principalement immédiatement au dessous d'une touffe d'arbres; et je ne doute nullement que ce ne soit à la décomposition habituelle de ces plantes, et à la réaction des principes produits par cette décomposition, sur le fer que contenoit la terre qui leur servoit de base, qu'est due l'origine de ce bleu de Prusse. En examinant en effet avec attention cette terre, on distingue encore parmi elle beaucoup de fragmens, colorés en rouge, qui annoncent que son origine est en partie due à la décomposition de quelques-unes des pierres altérées par le feu de la mine de charbon brûlante, et que cette pierre contenoit bien réellement du fer. J'ai rencontré quelques parties de cette terre, qui contenoit en outre une grande quantité de très-petits cristaux de sélénite, dus sans doute à l'union de l'acide vitriolique avec le peu de terre absorbante qui avoit été fournie par la décomposition végétale. Cette terre renfermoit aussi quelques fragmens plus ou moins gros de pierres de la nature de celles qui sont aux environs; le bleu de Prusse alors en a coloré quelques parties de la superficie, qui sont d'un très-beau bleu, le bleu de Prusse qui les a coloré étant pur; au lieu que par son mêlange avec la terre argileuse, sa couleur est très-affoiblie. Cette terre ressemble, en quelque sorte, à la terre de Beutnitz; mais loin d'être, ainsi qu'elle, décolorée par l'acide nitreux, il paroît l'aviver, et ne fait aucune effervescence avec elle. Mais une charmante production surtout de cet endroit, est un morceau d'émail blanc, altéré par les acides, au point de répandre une odeur argileuse, humecté par la respiration, et d'avoir perdu une partie de sa consistance, quoiqu'il fasse encore feu avec le briquet. Ce morceau a toute sa substance pointillée par une immense quantité de petits points colorés en bleu foncé, dont j'avoue que l'origine me paroît difficile à expliquer. C'est le seul que j'ai pu trouver de ce genre, quelque recherche que j'aie pu faire à cet égard.

J'ai dit précédemment que la nature de la pierre des montagnes qui bordent la plaine des environs de Saint-Etienne, tant du coté du nord que de celui du midi, étoit, quant à la partie qui regarde cette plaine, de kneiss, qui se change en granit, en s'enfonçant dans la montagne. Ces deux chaînes m'ont chacune fait voir un de ces faits isolés et intéressans en histoire naturelle, et qui dédommagent avec tant d'usure l'observateur naturaliste de la fatigue de ses courses.

Le premier est, à la naissance de la chaîne sud, une roche très-considérable de quartz blanc pur, sur laquelle est bâti le château de Rochetaillé, à une lieue de Saint-Etienne (16).

Le second de ces faits intéressans appartient à un coteau, situé à une lieue de Saint-Etienne, au pied de la chaîne des montagnes du nord. Ce coteau, sur lequel est placé un village qu'on nomme Saint-Priest, a pour noyau une roche dont on voit des parties souvent très-considérables à découvert, qui sont de l'espèce de pierre, connue, par les Allemands, sous le nom de *Hornstein*, et auquel nous avons donné celui de Silex de roche ou Pétro-Silex. Ainsi que je viens de le dire, tout ce qui paroît à découvert de ce rocher, et il y en a des parties très-considérables, est du même genre de pierre. Voilà donc le pétro-silex formant des roches en masses considérables, ce qui ne paroît pas encore avoir été observé jusqu'à présent, puisque Wallérius (*a*) assure qu'il ne se rencontre pas tel, et le distingue par là des jaspes, et que M. l'abbé Mongez (*b*) dit absolument la même chose. Ce coteau est séparé par un intervalle de quelques centaines de toises, dans lequel passe le Furant, ruisseau qui vient de Saint-Etienne, d'un autre coteau dont la roche est de la même nature de pierre, et qui va se joindre directement à la chaîne des montagnes du nord.

Ce hornstein ne se présente pas en couches suivies; le rocher dont il est composé ressemble à un amas informe; mais si l'on donne dessus un coup de marteau, cette pierre se détache par morceaux, qui ont plus ou moins d'épaisseur, et qui par la couche terreuse ou martiale, qui se trouve alors sur leurs faces, annoncent que le rocher ne forme pas une masse continue, mais est formé par une infinité de parties isolées, et en contact les unes avec les autres.

(*a*) Elémens de minéralogie, nouvelle édition de Vienne, p. 279.

(*b*) Sciagraphie, p. 158.

Cette substance se montre sous différens aspects. Quelques morceaux sont d'un grain extrêmement fin, approchant de celui de l'agate ; d'autres ont le grain moins fin ; dans d'autres enfin le grain est très-grossier : à l'exception de très-peu de variétés, ils ont leurs bords plus ou moins caractérisés par cette demi-diaphanéité, qui, suivant les auteurs qui en ont parlé, est propre à cette pierre. Il est très-commun de rencontrer des morceaux recouverts par une couche d'hématite souvent colorée. Les couleurs de cette substance sont très-variées : on trouve des morceaux d'un très-beau blanc, d'un blanc jaunâtre, de différentes nuances de rouge, noir et vert ; et enfin de veinés par ces différentes couleurs. Parmi les morceaux dont le grain est très-fin, plusieurs sont parfaitement en rapport avec cette pierre nouvellement connue dans la lythologie, et désignée par les Allemands sous le nom de *Pechstein* ou pierre de poix, parce qu'en effet celle qui est jaune se présente assez volontiers sous l'aspect de cette substance.

Sur le sommet du coteau que j'ai dit précédemment être placé vis-à-vis de celui de Saint-Priest, et séparé de lui par le Furant, s'élève une masse de rochers dont la nature est du même horstein que je viens de décrire. La décomposition de ces roches a garni, depuis leur pied, le penchant de ce coteau d'une immense quantité de leurs fragmens. Ici la nature a répandu, avec une profusion vraiment généreuse pour l'observateur de ses richesses, des bois pétrifiés dont la substance est la même que celle du rocher. Plusieurs de ces morceaux appartiennent en entier au bois, et l'œil un peu attentif du Naturaliste y distingue aisément l'organisation parfaite du bois ; ce qui suffit pour lui faire présumer leur origine : mais s'il appelle à son secours une forte loupe, alors, en regardant ces morceaux sur les couches supposées faites transversalement aux fibres, cette présomption se change en certitude ; il distingue parfaitement non seulement les diffèrentes couches du bois, mais encore les différens pores. (*Voyez ce que j'ai dit à cet égard*, *note* 8.) De sorte que ces morceaux, sciés par tranches très-minces et opposés au jour, représenteroient très-bien la texture du bois, telle qu'on l'observe au microscope, en y exposant des tranches minces de bois (17). D'autres ne contiennent que quelques parties où la texture du bois soit conservée ; le reste est un pétro-silex de différentes couleurs, analogue à celui du rocher. Habituellement les parties qui ont conservé l'organisation du bois, sont colorées en une couleur brune, plus ou moins foncée, et dénuée de la transparence des bords ; tandis que les autres parties sont de différentes couleurs, et ont toujours leurs bords caractérisés par la demi-diaphanéité. Nombre de ces morceaux ont par taches, entremêlées, des parties où l'organisation du bois est parfaitement conservée, et d'autres où elle ne l'est pas : ces derniers offrent très-souvent des nuances de différentes couleurs : ces morceaux feroient l'effet le plus agréable au poli, et vaudroient, pour le moins, les bijoux de ce genre, que nous tirons d'Allemagne.

L'étude suivie et attentive que j'ai été dans le cas de faire sur les lieux, de ces différentes pierres, ayant ajouté quelque poids à une opinion que j'ai depuis un certain tems, sur la nature et l'origine de quelques substances, je vais en faire ici hommage au public, le prévenant toutefois que je ne donne point, et serai toujours loin de donner, une opinion qui me sera particulière comme un fait incontestable. Chaque individu a sa manière de voir, qui dépend de ses différentes observations particulières : du concours de ces différentes manières de voir, peut souvent naître la vérité ; cette raison seule doit suffire à tout membre de la société, pour l'engager à lui soumettre les idées qui peuvent être le fruit de quelques-unes de ses observations. Mais avant tout, il me paroît nécessaire de fixer les idées sur trois espèces différentes de pierres, qui ont été et sont même encore aujourd'hui confondues par plusieurs auteurs, les silex ou pierre à fusil, les pétro-silex ou hornstein, et les jaspes.

Ces trois espèces de pierres, que la nature rapproche, puisque leur base commune est le quartz, ont cependant des différences bien réelles entre elles ; d'abord par leur aspect que l'habitude de voir du naturaliste le met dans le cas de saisir aisément ; ensuite par le canton qui leur sert de domaine, si je puis m'exprimer ainsi, et qui est bien différent pour chacune d'elles. La plupart des Naturalistes François ont confondu ensemble les deux premières silex et pétro-silex ; et les Allemands ont, au contraire, confondu ensemble les deux dernières pétro-silex et jaspe. Wallérius, dans la première édition de sa savante Minéralogie, avoit commis cette erreur, qu'il confesse, dans la seconde, avec cette véracité qui lui est propre, et la rectifie, en convenant que ces deux pierres sont bien réellement deux espèces différentes. Il laisse à la première le nom allemand de Horstein, que Enckel lui avoit déja donné, en le rendant en latin par celui de *Petro-Silices*.

Le silex ou pierre à fusil, *Feüerstein* des Allemands, est cette modification du quartz, qu'on rencontre en cailloux roulés, soit sur les bords de la mer, soit répandus çà et là, dans quelques cantons particuliers, et qui forme des couches dans les pierres calcaires, craie et pierre à plâtre, ou se trouve disséminé irréguliérement en forme de nœuds dans ces substances. Quelques-uns de ces cailloux, ainsi que l'a très-bien observé M. l'abbé Bacheley, appartiennent bien visiblement à des corps marins, tels que coquilles et madrepores (*a*); mais une grande partie ne peut pas être rapportée à ces mêmes corps. Leur couleur la plus habituelle, est les différentes teintes de noir ou le jaune : la plupart, et principalement ceux qui sont colorés en noir, se décomposent facilement par les acides de l'air, et alors ils se couvrent d'une terre argileuse, plus ou moins épaisse, qu'il faut bien distinguer de

(*a*) Nouvelles Observations Lythologiques sur la formation du Silex, par M. l'abbé Bacheley. *Journal de Physique 1782. Suppl. p. 81.*

la couche calcaire ou marneuse qui les recouvre souvent aussi, et qui dans ce cas est un reste de pierres calcaires ou marneuses dans lesquelles ils étoient enclavés. Mis au feu, lorsque dans leurs parties colorantes, ainsi qu'il arrive le plus ordinairement, il n'entre pas de parties martiales, ils se décolorent et blanchissent. On en rencontre quelquefois qui font plus ou moins d'effervescence avec les acides.

Le pétro-silex, hornstein des Allemands, est une modification du quartz, analogue à celle du silex, mais dont l'aspect cependant présente des différences, que l'œil exercé de l'observateur Naturaliste peut plus aisément saisir que décrire ; et c'est en quoi consiste surtout cette qualité, qu'il acquiert par l'habitude, et à laquelle on donne le nom d'habitude de voir. Il se trouve très-rarement dans les montagnes calcaires, où il ne peut être qu'accidentellement ; mais son séjour habituel est dans les montagnes granitoides secondaires, tels que nombre de kneiss, les grès quartzeux et granits secondaires (18) où il se présente par couches ou par amas plus ou moins considérables, situés souvent au pied des montagnes. Il paroît qu'il est d'une décomposition plus difficile que le silex, du moins ne se couvre-t-il pas aussi aisément à l'air de la couche argileuse qu'on voit si communément sur le premier. Ses couleurs sont aussi infiniment plus variées, depuis le blanc jusqu'au noir ; et comme elles sont la plupart dues en partie au fer, elles sont plus fixes, et ces pierres ne se décolorent pas au feu aussi habituellement que le silex ; cependant il y en a quelques-unes, comme les noires, qui ne contenant p[illegible] contenant très-peu de fer, se décolorent plus [illegible] moins.

Le jaspe, jaspis des Allemands, est une autre modification du quartz, ayant beaucoup de rapport avec les deux premières, mais en différent à nombre d'autres égards. Il ne se trouve point dans les montagnes calcaires ; et ne doit se trouver que rarement ou accidentellement au pied des montagnes granitoides secondaires ; mais son séjour habituel est le granit primitif de première ou de dernière formation ; où il se trouve par couches, par amas plus ou moins considérables, qui quelquefois même forme des roches entières, et très-souvent par filons, servant même de gangue aux substances métalliques. Leurs couleurs varient moins que celles des pétro-silex, mais plus que celles des silex ; et comme elles sont toujours dues à une substance métallique, elles sont aussi plus fixes. Parmi les silex et pétro-silex on en trouve quelques-uns qui font une légère effervescence avec les acides : il n'en est pas de même parmi les jaspes.

Ces trois substances ont un coup d'œil gras, qui les fait très-facilement distinguer des quartz.

J'observe à présent que ces trois différentes modifications de la même substance, ne cristallisent jamais qu'en masse informe, et que lorsqu'elles affectent, dans les cavités qu'elles peuvent présenter, les formes cristallines déterminées, alors elles sont [illegible]pouillées de la matière étrangère qui s'opposoit à [illegible] cristallisation, et les cristaux qu'elles produisent sont de quartz pur ; mais quelle est la matière qui s'oppose à la cristallisation dans ces pierres ? Je pense que c'est une matière grasse, qui a différentes origines, suivant la nature de ces pierres (19) : et voici à cet égard ma manière de penser.

Le silex date visiblement, pour son origine, de la même époque que les substances qui le renferment, et est dû à l'union de la substance quartzeuse avec la matière grasse, produite par la décomposition des animaux marins. Mais d'où pouvoit venir cette substance quartzeuse ? Dans le moment où la nature travailloit dans le sein des eaux, dont elle étoit recouverte, à la formation de la pierre calcaire, les roches granitiques existoient. Les eaux, dissolvant général de toute la nature, soit par elles-mêmes, soit par les acides, tel que l'acide aérien, dont elles sont toujours imprégnées auquel on peut encore joindre l'acide phosphorique animal, produit par la décomposition des animaux marins, qu'on peut juger, par les traces énormes qu'ils ont laissés de leur existence sur le globe, avoir été à cette époque en bien plus grande abondance qu'ils ne le sont aujourd'hui ; ces eaux, dis-je, devoient exercer leur action sur les matières granitiques ; et suivant l'abondance où elles étoient dans certains cantons, être chargées de plus ou moins de matières quartzeuses en dissolution (20). Or, dans cet état, elles pouvoient pénétrer à travers les pores des coquillages, déjà ouverts fortement par un commencement de décomposition ; et s'unissant à la matière grasse, produite par leur entière décomposition, changer les coquilles, madrepores, &c. en véritable silex. D'ailleurs, la pierre calcaire étant formée par couches, il est visible qu'elle ne s'est pas formée sur place par la décomposition des coquilles ; mais que dissoute dans ce fluide ambiant, elle a ensuite été déposée par lui. On sait encore que dans les dépôts des dissolutions, contenant des substances différentes, les premières molécules qui se déposent, engagent, à raison de l'affinité qui existe entre les parties des substances de la même nature, les autres à se porter du côté qu'elles ont affecté. Si donc, dans le moment du dépôt de la substance calcaire, le fluide tenoit en dissolution des parties quartzeuses ; quelques-unes de ces parties venant à se déposer, engageoient les autres à se joindre à elles, et par-là il devoit se former des masses quartzeuses unies, et modifiées par la matière grasse, dont tout le fluide étoit pénétré, et qui, pressées de tout côté par ce même fluide, devoient prendre nécessairement une forme approchant plus ou moins de la sphérique, ainsi que se présentent la plupart des noyaux de silex disséminés dans les pierres calcaires. Si à ces parties quartzeuses il venoit à se joindre quelques parties calcaires, alors le silex qui en résultoit devoit nécessairement être de la même nature que ceux qui, par la légère effervescence qu'ils font avec les acides, laissent appercevoir des traces de ces parties calcaires. D'après cela, on voit que les silex devoient se former par bancs, si la substance quartzeuse, par quelque événement que ce soit, venoit à être abondante jusqu'à un certain point, et ne devoient au contraire se former que par noyaux, lorsqu'elle étoit peu considérable. On sent aussi comment auroient pû se former ces accidens où des coquilles n'ont que quelques parties changées en silex, tandis que le reste est calcaire, telles que les turbinites du Soissonnois et du village d'Issy, près Paris, ainsi que celles dont parle Collini dans son Voyage Minéralogique, *page* 166 ; la substance quartzeuse pouvoit ne pas être assez abondante pour silicifier, si je puis m'exprimer ainsi, toute la coquille ; et n'en ayant changé qu'une partie à cet état, la substance calcaire aura fait le reste. On sent aussi combien il est possible qu'une coquille, à l'état calcaire, puisse se trouver placée à coté d'une autre, qui seroit totalement à l'état de silex ; et enfin, on pourroit encore rendre raison de ces espèces de transmutations insensibles et illusoires de la pierre calcaire à l'état de silex : il suffiroit pour cela que lors de la fin de la formation du noyau ou petite couche de silex, il se précipitât quelques parties de quartz, avec la substance calcaire qui aura suivi ; ces parties quartzeuses, diminuant progressivement en quantité, donneront lieu à un passage insensible simulé de la pierre calcaire au silex. Si en effet la pierre calcaire pouvoit se changer en silex, lorsqu'une partie de cette pierre, surtout lorsqu'elle est isolée, comme, par exemple, une coquille, &c. a commencé à se transmuer en silex, la cause étant la même pour le reste de la coquille, sa transmutation totale devroit s'en suivre (21). Il résulteroit de cette manière de considérer le silex comme une modification du quartz, par la matière gras. animaux, que son pays natal doit être vraiment, ainsi que l'observation l'a vérifié, les substances calcaires, et que ce ne pourroit être qu'accidentellement qu'il seroit possible de le rencontrer dans les substances granitiques.

Ainsi que le silex est dû au quartz modifié par la décomposition des substances animales, de même le pétro-silex est aussi dû au quartz, mais modifié par la décomposition des substances végétales. Comme cette origine est surtout frappante dans la roche de Saint-Priest, ainsi que dans celle que j'ai dit être vis-à-vis, je vais entrer dans quelques détails à l'égard des faits que peuvent présenter ces deux roches.

Elles sont, ainsi que je l'ai déjà dit, placées au pied des montagnes de la chaîne du nord. Or si l'on se rappelle ce que j'ai dit plus haut de l'organisation de la plaine et des causes qui ont concouru à cette organisation, on sentira que lors de quelques-unes de ces grandes averses, arrivées dans un tems où les eaux étoient déjà en grande partie retirées, puisque cette roche de hornstein n'est recouverte par aucune autre substance que par la terre végétale, il a pu exister des cantons, tels, par exemple, que celui-ci, où les effets, produits par elles sur le penchant de la montagne qui bordoit la plaine, auroient déraciné et entraîné au pied de la même montagne une partie des arbres qui recouvroient ce penchant. L'immense quantité de bois pétrifiés qu'on rencontre, surtout sur le coteau qui est vis-à-vis Saint-Priest, vient à l'appui de cette idée : or, si par la suite des temps cet amas de bois a été exposé à des courans d'eau, tenant en dissolution la substance quartzeuse, qui étoit la substance dominante du canton, ceux qui n'auroient pas encore éprouvé une décomposition assez avancée pour être absolument détruits, permettant à cette eau de pénétrer à travers leurs pores, se seront pétrifiés. Une grande partie cependant étoit assez décomposée pour être détruite entièrement ou en partie au moindre choc, et la pétrification dans ce cas n'a pas eu lieu, ou n'a eu lieu qu'en partie ; mais la substance quartzeuse, modifiée par la matière grasse végétale à l'état de pétro-silex, a pris alors la place entière ou partielle du bois. On voit nombre de ces morceaux où des parties ont parfaitement conservé l'organisation du bois, tandis que beaucoup d'autres ne laissent appercevoir qu'un pétro-silex, sans aucune trace quelconque de bois. La roche qui forme le coteau de Saint-Priest, et sur laquelle existent encore les restes d'un vieux château ruiné, montre, dans quelques parties, des couches d'un véritable granit secondaire, interposé dans le pétro-silex, dû à des parties de la roche des montagnes, chariées entre les couches de bois, et contenant une grande quantité de terre argileuse et de mica ; ce qui n'empêche pas que ce granit secondaire n'ait une grande dureté. Quelques-uns de ces granits ont un grain très-fin ; ils répandent une forte odeur argileuse, humectés par la respiration, et happent légérement la langue ; ils forment une pierre très-dure et très-compacte, qui contient souvent des noyaux de différentes grosseurs de quartz, et même quelquefois de pétro-silex. J'ai trouvé deux morceaux de ce granit très-intéressans, en ce qu'ils portent l'un et l'autre des empreintes différentes, qui appartiennent bien visiblement à des fruits. Les empreintes de l'un de ces morceaux sont en forme de cœur, d'environ quatre lignes de longueur ; elles sont divisées en deux lobes dans leur milieu,  suivant la longueur, et chacun de ces lobes l'est de même en plusieurs autres ; ce qui est parfaitement indiqué par de petites veines quartzeuses, arrangées symétriquemement dans chacun d'eux. L'autre porte des empreintes d'un fruit différent ; elles sont ovales,  alongées dans le genre d'une olive, divisées en deux lobes longitudinaux, contenant chacun nombre de capsules arrangées symétriquement, suivant la longueur. Pour en revenir au pétro-silex, il est bien visible ici qu'il appartient bien réellement au quartz modifié par la décomposition du bois ; nulle autre trace de cette substance dans les environs ; elle s'est bornée à ces deux endroits, où les bois pétrifiés se montrent dans une abondance peu commune ; aussi le pétro-silex y a-t-il formé des masses d'une grandeur qui, jusqu'à présent, avoient été regardées comme non-existantes. On ne trouve dans ces morceaux aucun pétro-silex caractérisé ; mais comme il paroît que la substance quartzeuse étoit très-abondante, on y trouve assez souvent des morceaux de quartz en masse, et le pétro-silex même contient souvent, dans de petites cavités, des cristaux, qui alors sont de véritables cristaux de roche : ce qui annonce que lorsque la substance quartzeuse n'avoit pas été modifiée par la matière grasse, due à la décomposition végétale, ou avoit pu se séparer de cette matière grasse, elle se précipitoit à l'état ordinaire du quartz. Toutes ces raisons sont, en outre, appuyées par la manière d'être des roches de cette substance, qui ne sont pas des dépôts, puisqu'il n'y a aucune couche réelle ; mais si l'on se représente un amas de bois régulièrement amoncelés, et qu'on suppose qu'ils aient été en effet exposés, ainsi que je l'ai dit, à l'action d'un fluide chargé de substance quartzeuse en dissolution, la texture de ces roches ajoutera encore à la vraisemblance de la formation que je viens de leur donner. La substance martiale, qui a dû résulter de la décomposition de ces bois, a coloré diversement quelques pétro-silex, suivant les différentes modifications qu'elle avoit éprouvées, et avec plus ou moins d'intensité : cependant plusieurs d'entre eux, qui sont parfaitement blancs, paroissent ne pas l'avoir admis dans leur formation.

Je sens qu'on peut m'objecter que cette observation, qui n'est que locale, ne peut servir à étayer une formation générale pour le pétro-silex ; mais je répondrai à cela, que ce canton n'a fait que venir à l'appui de cette idée, qui m'étoit venue à la suite de l'examen de nombre de morceaux de pétro-silex, sur une grande quantité desquels j'avois très-souvent distingué de véritables traces, qui me faisoient leur soupçonner une origine ligneuse. On peut en observer plusieurs, dans ce cas, dans le cabinet de M. Besson, qui présente une des plus belles suites que je connoisse en Lythologie. Ce Naturaliste, qui a beaucoup observé, étoit, à cet égard, du même sentiment que moi; il me fit même remarquer l'analogie qui existoit entre certains pétro-silex et le pechstein, et cette analogie m'a surtout frappé dans nombre de morceaux de Saint-Priest : j'ai même de ces morceaux de pechstein, d'un jaune de poix, venant d'Allemagne, et auxquels adhère une partie ressemblant exactement à celle que j'ai dit s'être introduite dans le pétro-silex, et dont j'ai cité deux morceaux, contenant des empreintes de fruits. Parmi les morceaux de Saint-Priest, il y en a plusieurs qui présentent la même couleur et le même grain que ce pechstein, et qui, mis à côté, ne paroissent devoir laisser aucun doute sur l'identité des deux substances ; ce qui m'a fait présumer que ce genre de pierre, dont la nature n'a encore été fixée déterminément par aucun Naturaliste, est une modification du pétro-silex (22).

Il est donc bien prouvé que du moins, dans quelques circonstances, le quartz, modifié par la décomposition des substances ligneuses, peut donner naissance au pétro-silex; et je ne doute nullement qu'un examen attentif des lieux que je viens de citer, ne porte à penser comme moi le Naturaliste qui sera à portée de répéter cet examen; mais j'observerai que les traces de cette origine sont surtout plus sensibles sur la roche qui est vis-à-vis

Saint-Priest, que sur celle de Saint-Priest même, à raison sans doute de ce que le bois y a été plus décomposé ; et j'ajouterai que même, dans ce premier endroit, les roches, actuellement existantes hors de terre, n'en présentent que de foibles traces; tandis que la terre, au pied de ces mêmes roches, est au contraire jonchée de fragmens, où l'organisation du bois est très-sensible : ce qui peut venir du plus de consistance dans la roche de pétro-silex dans les parties où le bois avoit été détruit que dans les autres ; mais on trouve d'assez grosses masses de cette même pierre, contenant plus ou moins de parties, où la texture du bois est très-reconnoissable.

Cependant les circonstances qui avoient donné lieu à cet amas de bois, ont dû nécessairement exister, avec plus ou moins d'intensité, dans différentes contrées, et ne pouvoient avoir lieu qu'au pied de quelques grandes masses granitiques ; car on sent que ces roches ayant été les premières couvertes par les végétaux, et cela dans le temps où la masse d'eau étoit encore très-considérable sur le globe, elles devoient être souvent sujettes à ces averses, qui en entraînoient ces mêmes végétaux, et les déposoient sur les nouvelles roches, qui devoient leur origine à la destruction du granit. De-là ces bois pénétrés par la substance quartzeuse, soit dans un état de décomposition, soit encore intacts, du moins en grande partie. Dans le premier cas, le quartz, modifié par cette décomposition, n'a produit qu'une masse de pétro-silex, soit en couches, si ces amas avoient recouvert un assez grand espace, soit en masses plus ou moins considérables, si ces amas s'étoient accumulés dans le même endroit, soit simplement enfin en petites masses ou noyaux, si ces bois ne s'étoient rencontrés que par petites masses ou fragmens plus ou moins considérables, et le pétro-silex conservera très-peu de traces de l'organisation du bois. Dans le second cas, au contraire, il conservera des traces plus ou moins sensibles de cette même organisation, soit dans toutes ses parties, soit simplement dans quelques-unes de ses parties; mais on sent que la nature morte, tendant toujours à sa destruction, il doit être infiniment plus commun de rencontrer le pétro-silex sans apparence d'organisation ligneuse, qu'avec cette apparence conservée. Je conclus donc que si mon observation peut avoir quelque fondement, et que l'on admette la différence que j'ai établi entre le silex et le pétro-silex, que ce ne doit être en effet que dans les montagnes primitives secondaires qu'on doit le rencontrer, et qu'il ne peut se trouver ailleurs que par quelques circonstances particulières.

J'ai dit que le jaspe étoit une modification du quartz par une matiere grasse, et voici comment je le conçois. Tout le monde sait que le dernier résidu de toute espèce de cristallisation est une eau chargée de parties grasses, connue sous le nom d'eau mere des cristaux, et que les dernières molécules cristallines contenues dans cette eau mère, ne pouvant plus alors céder à la loi d'affinité particulière d'agrégation qui existe entre toutes les molécules d'une même substance, elles se déposent tumultueusement, ce qui donne pour leur résidu une masse cristalline informe. Il eſt bien sensible que le granit doit son origine à une cristallisation mêlangée de différentes substances dissoutes dans le même fluide ; ce sentiment qui dès 1729 étoit celui de Bourguet, a été aussi depuis celui du docteur Demeste, du célèbre observateur M. de Saussure et de M. Romé-de-Lisle. Les précieuses découvertes de ce dernier sur la cristallographie, achevent de rendre cette maniere de penser, une des mieux prouvées de celles que présente l'origine des pierres. Ces principes bien reconnus, une fois posés, il est incontestable qu'après la formation des premiers granits, il a dû néceſſairement s'en suivre l'existence d'une eau mere qui contenoit plus ou moins des élémens du granit. Dans les premiers instans de la formation de cette eau mère, elle contenoit encore tous ces élémens qui, en se précipitant, continuoient la formation des masses granitiques. Mais ces derniers granits devoient nécessairement différer des premiers par une différence sensible de dureté ; ainsi que dans les cristallisations les derniers produits différent des premiers par l'interposition d'une matiere étrangere qui leur donne nécessairement moins de consistance (23). Si cette eau mère ne contenoit plus que les élémens du quartz, ainsi que ceux du feldspath, mais les premiers en plus grande abondance, alors il en sera résulté un porphir, parce que la substance du quartz, modifiée à l'état de jaspe par la matiere grasse de cette eau mère, en se déposant en masse informe, aura enveloppé les parties feldspathiques ; si, enfin, ce qui devoit arriver nécessairement , la matière quartzeuse étant la substance dominante dans le granit , cette eau mère ne contenoit plus que la matiere quartzeuse , alors cette substance , modifiée par la matière grasse de cette eau mere , aura donné naissance aux masses informes de jaspes , qui , suivant l'abondance de cette eau mère , ainsi que sa position , devoient former , soit des couches , soit des amas plus ou moins considérables , soit enfin des filons lorsque cette substance aura pénétré dans les fissures que le granit pouvoit présenter. La matière grasse pouvoit aussi être plus ou moins abondante , à raison des molécules quartzeuses qui étoient disséminées dans l'eau mère : si elle ne l'étoit pas assez pour gêner à un certain point les molécules quartzeuses dans leur réunion , le jaspe produit par cette réunion étoit très-beau et très-compacte ; au contraire il étoit d'un tissu lâche lorsque cette matiere grasse étoit très-abondante , à raison des parties quartzeuses , tel est le jaspe grossier et le sinople. (24) Le fer qui paroît avoir été à cette époque la substance métallique la plus abondamment répandue dans la nature , puisque une grande partie des granits sont colorés par lui , devoit aussi se trouver dans ces eaux mères , et ses différentes modifications auront produit les différentes teintes du jaspe , dans lequel la couleur rouge est cependant la plus habituelle. C'est sans doute à cette grande quantité de parties martiales , jointe à celle de la matiere grasse que cette pierre doit en partie son opacité. Le jaspe cependant peut être coloré par d'autres substances , ou même n'être nullement coloré, si l'eau mère à laquelle il a dû son existence ne contenoit aucune substance métallique, tels sont les jaspes blancs ou quartz gras, qui ont, je pense, la même origine que les jaspes, et n'en diffèrent qu'en ce que la matiere grasse n'y est jointe à aucune substance metallique, et n'est quelquefois colorée que par la réaction de quelque acide sur elle. Ne seroit-ce pas à une variété de ce quartz gras, peut-être un peu plus opaque, et tirant sur un blanc plus mat qu'on peut rapporter le *Galaxia* de Pline, qui suivant Wallerius, p. 312, spec. 137, est un jaspe blanc. D'après cette manière de considérer le jaspe, ce seroit donc, ainsi qu'on le voit en effet habituellement, les montagnes primitives qui doivent le renfermer, et il peut s'y trouver, soit en couches, soit en amas, et formant des masses plus ou moins considérables, soit enfin en filon, et alors il peut servir de gangue à différentes substances métalliques.

Nous voyons tous les jours dans les calcédoines sardoines, &c. l'effet de la matière grasse combinée avec la substance quartzeuse. Lorsque les coquilles passent à l'état quartzeux, il leur est assez ordinaire, si elles présentent quelques cavités, de les voir recouvertes par des mamelons de calcédoine: j'en ai vu plusieurs dans ce cas, et ai dans mon cabinet plusieurs cornes d'Ammon qui présentent cet accident. Dans les géodes quartzeuses il est assez ordinaire aussi de voir plusieurs cristaux de quartz recouverts de calcédoine, dont l'origine est bien sensiblement due aux dernières molécules quartzeuses contenues dans la cavité de la géode, et combinées avec la matière grasse de l'eau mère de la cristillisation? J'ajouterai à cela que près de Montbrison en Forez, il existe, dans un canton qu'on appelle Rufieu, une masse de tuf calcareo-argileux ſous la terre végétale, qui même autrefois a ſervi dans le canton à faire de la chaux, qui devoit être assez mauvaise. La substance quartzeuse combinée avec la matiere grasse, due, soit à la décomposition végétale qui se fait habituellement par dessus cette masse de tuf, jointe à celle apportée par les fumiers répandus sur ce terrein qui est cultivé, soit peut-être aussi par des matieres volcaniques bitumineuses, la bute volcanique de Saint-Romain n'en étant pas loin; la substance quartzeuze, dis-je, s'est précipitée dans les cavités du tuf à l'état de fort beaux mamelons de calcédoine, dont plusieurs sont colorés en un très beau-bleu. Tout le monde connoît enfin l'immense quantité de sardoine et de calcédoine mamelonnée qui se trouve au Pont-du-Château en Auvergne, dans un canton imprégné de poix minérale, qui souvent recouvre ces mêmes calcédoines.

D'après ce que j'ai dit touchant la formation des silex, pétro-silex et jaspes, on voit aisément que l'agate ne seroit qu'une modification particulière de ces trois différentes substances : peut-être cette modification n'est-elle due qu'à ce que la substance quartzeuse, pour former l'agate, étoit unie à une moindre quantité de matière grasse. Elle ne cristallise pas plus que les silex, pétro-silex, jaspes et calcédoines (25), et se présente de même en masse cristalline informe : lorsqu'on y remarque des cristaux, ils

ils sont nécessairement dus à la substance quartzeuse pure. *M. de Romé-de-Lisle*, (*Crystallographie, volume II, page 142 et suivantes*), *a remarqué cette propriété à l'agate, de ne point affecter de formes cristallines, et l'attribue à une matière étrangère, qui se trouve unie avec le quartz : et à la note 173, page 147, il reconnoît qu'une matière grasse est vraiment unie avec le quartz dans l'agate.* L'opinion de cet auteur, en venant à l'appui de ma manière de penser, ne peut que lui donner plus de poids. J'ajouterai encore que les coquilles et les bois agatisés, ainsi que les parties d'agate que l'on rencontre quelquefois dans les jaspes, annoncent qu'en effet l'agate doit être le fruit d'une modification de ces trois substances.

Telles sont les différentes idées qui me sont venues à la suite de nombre d'observations, la plupart faites sur les lieux. Je suis bien loin, je le répète, de les offrir comme des faits incontestables, et je me suis fait à moi-même toutes les objections, que je sens bien pouvoir m'être faites ; mais si je suis dans l'erreur, j'observerai qu'il y a tant d'opinions différentes sur la nature des substances dont je viens de parler, que je ne rougirai pas d'avoir erré après tant d'auteurs célèbres, qui tous nous ont fait faire un pas vers la vérité. Puisse-t-on en dire autant de ce foible essai ! c'est la récompense la plus précieuse à laquelle mon ambition me fasse prétendre.

Je termine le détail des observations lythologiques, que m'ont offertes les environs de Saint-Etienne, par une très-jolie espèce de trapp, ou pierre de touche, d'un noir très-foncé, qu'on trouve sur le coteau de Champ-de-Grillet, à la porte de cette ville, sur le chemin qui conduit à Lyon. Il est absolument étranger à ce coteau, sur lequel j'ignore de quel endroit il peut avoir été apporté.

NOTES.

Note I. COMME le nom de *Kneiss*, qui nous vient des Saxons, a été attribué, par les Auteurs, à différentes espèces de roches, j'avertis ici que je ne m'en sers que pour désigner celle qui est habituellement composée de quartz & de mica; mais dans cette même roche, souvent le quartz paroît être combiné également, ou à peu près également, avec le mica; souvent le quartz domine; d'autrefois c'est le mica : le seul nom de kneiss ne suffit donc pas pour exprimer ces différentes variétés, ce qui souvent seroit cependant nécessaire pour l'intelligence des descriptions lythologiques. Alors ne pourroit-on pas, en laissant le nom de kneiss à la première de ces variétés, donner le nom de *Kneiss quartzeux* à celui où le quartz domine, et celui de *Kneiss micacé* à celui où c'est, au contraire, le mica? le genre de la roche se trouveroit par-là désigné, en même temps que la variété. Quelquefois, mais le plus rarement, le kneiss contient en outre quelques parties de feldspath; alors il pourroit être distingué, en le désignant par la phrase de *Kneiss feldspathique*. Une quatrième substance vient quelquefois se joindre aux variétés de kneiss précédentes, et en change totalement l'aspect : cette substance,

E 2

qui est la stéatite, par cette union nous fournit donc une cinquième variété de kneiss, qu'on pourroit encore distinguer des variétés précédentes, en lui donnant le nom de *Kneiss smectite.* Cette variété est très-commune dans les Alpes du Dauphiné, et principalement dans la partie qui porte le nom de l'Oisan, où elle sert de gangue à la plupart des schorls qu'on y rencontre, et est souvent unie elle-même à la substance du schorls : il y a même des variétés où cette stéatite est si abondante, que quoique donnant des étincelles, frappées avec le briquet, on parvient très-facilement à les entamer avec un couteau. La roche, à laquelle les Saxons donnent le nom de *Kneiss*, paroît différer de la nôtre, en ce que les parties en sont plus fines et plus exactement combinées ; mais comme Linné, Cronstedt, Leehmann et même Henckel la citent comme composée de quartz et de mica, unis, suivant les deux premiers, à de l'argile, tel que le présenteroit le kneiss smectite, ou un kneiss qui auroit éprouvé quelque décomposition dans ses parties ; et suivant Leehmann, unis au grès, sans doute à raison de ce que le quartz y paroît souvent en particules très-fines, qu'il aura regardées comme du sable : d'après cette description, dis-je, de ces auteurs, on peut voir très-aisément que le kneiss des Saxons n'est en effet qu'une variété de celui auquel nous sommes assez généralement convenus de donner ce nom. Wallérius, dans la nouvelle édition de sa *Minéralogie, édit. de Vienne, page* 319, en rejetant ce que Justi avoit dit, que le kneiss étoit un composé de mica, de sable et de quartz, donne le nom de *Kneiss* au *Sinople*, qui n'est qu'une modification particulière du quartz fortement coloré par le fer, qui y est même souvent en assez grande abondance, pour constituer une espèce de mine de fer, qui peut alors porter le nom d'Emeril : d'après ce que je viens de dire, il est aisé de voir que ce n'est pas là le genre de pierre auquel il paroît que les Saxons ont donné le nom de kneiss ; et que si la pierre, que Wallérius désigne sous le nom de sinople, a en effet l'aspect du kneiss, ce ne peut être qu'un kneiss martial, et non pas un sinople.

Note 2. Parmi les morceaux de charbons qui entrent dans la collection que j'ai faite de la lithologie de Saint-Etienne, j'en ai qui présentent des empreintes convexes d'un côté et concaves de l'autre, d'un corps que je soupçonne avoir appartenu à la classe des zoophites. Ces empreintes, qui sont arrondies, ont sur mes morceaux depuis trois lignes jusqu'à trois pouces de diamètre, et leur surface est recouverte par une grande quantité de lignes circulaires, inscrites dans celles qui en bornent la circonférence. Je regarde de même ce charbon comme ayant dû faire partie de celui qui, d'après l'explication que je viens d'en donner, devroit son origine à la masse même des animaux, mêlée plus ou moins d'argile. Ce charbon est, suivant toute apparence, celui que M. Sage, dans ses *Élémens de Minéralogie*, *vol. I*, *page* 9, nomme charbon oculé, et qu'il dit venir de la principauté de Nassau. Il rapporte à cet égard la manière de penser de M. Reinhold-Forster, qui croit que ces empreintes sont dues à des méduses, zoophites du genre des mollusques ; ce qui seroit d'autant plus probable, d'après l'explication que j'ai donnée de l'origine de ces charbons.

Note 3. Je lis dans ce moment dans les affiches du Dauphiné des 24 et 31 Décembre 1784, que M. Thouvenel, dans des observations qu'il a été faire dans cette province, à Uriage, la Motte-d'Aveillans, Sinard et la Fontaine-Ardente, les 24, 25 et 26 du mois de Novembre précédent, pour y mettre en action la vertu merveilleuse de Bletton, de découvrir, par ses sensations particulières, non seulement les eaux, mais encore presque toutes les substances, puisque ces sensations lui ont fait connoître dans ces cantons, des filons de pyrite, de mines de fer et de charbons, et que la délicatesse de sa miraculeuse organisation lui faisant éprouver des picotemens aux reins, aux cuisses, aux jambes, &c. lui indiquoit la présence du sel dans les eaux ; je lis, dis-je, dans ces affiches, que M. Thouvenel, connu si avantageusement par nombre de mémoires intéressans, faits pour passer à la postérité, chez laquelle il ne restera plus aucune trace de l'organisation Blettonienne, a observé, près du village de la Motte, un phénomène, qu'il avoit autrefois soupçonné, et qui lui a offert la probabilité de rencontrer le charbon de pierre dans l'intérieur des grandes montagnes ; et l'on ne peut douter que l'auteur de cette citation n'ait eu en vue les montagnes granitiques. Ce phénomène est, dit cet auteur, un petit filon de charbons dans une roche granitique micacée ; et les talens de Bletton ayant été mis en action pour savoir si en effet la mine de charbon de la Motte se prolongeoit dans la montagne voisine, il indique trois filons pénétrant assez avant dans cette montagne, suivant la direction de ceux exploités. J'avoue que ces observations ne sont rien moins qu'assez concluantes pour me faire adopter la possibilité de rencontrer les mines de charbon dans le granit ; ce qui seroit effectivement un phénomène, à raison de ce qui a été observé jusqu'à présent à cet égard. N'ayant point été témoin de ces observations, je ne puis offrir sur elles que mes doutes. Comme, ainsi qu'on le verra par la suite de ce mémoire, on rencontre quelquefois de petites veines de charbon dans le grès micacé, qui très-souvent est en couches très-minces, ne seroient-ce pas de pareilles observations qui auroient induit en erreur M. Thouvenel ? Quant à l'observation de Bletton, il est, je crois, encore permis de ne pas ajouter assez de foi à la singularité de son organisation, pour croire sur sa seule parole aux faits contrarians les observations les mieux constatées.

Note 4. Cette division des pierres calcaires en pierres calcaires primitives, et pierres calcaires secondaires ou muriatiques, qui est bien constatée par la différence des angles des Rhombes primitifs de ces deux substances, appartient à M. de Romé-de-Lille, et c'est sans contredit une des découvertes les plus intéressantes qu'on ait faites, dans ce siècle, en lythologie.

Note 5. C'est à cette matière grasse bitumineuse que la pierre calcaire contient, quelquefois en assez grande abondance, qu'on doit, je pense, attribuer la phosphorescence très-forte qu'elle présente alors, quand, après l'avoir pilée, on la met sur une pêle échauffée. Cette matière, qui contient beaucoup de phlogistique, en surcharge nécessairement la pierre, aux parties de laquelle il n'eſt point assez adhérent, pour ne pas être dégagé par la chaleur, et se combinant alors avec l'acide igné, qui est fourni par elle, forme un phosphore qui paroit avec son éclat lumineux, tant que le phlogistique n'est pas dégagé, et cesse de paroître tel, dès que, au contraire, il est évaporé. Aussi si l'on retire de dessus la pêle échauffée les parties de pierres qui y avoient été placées, et qu'on les y remette successivement jusqu'à ce qu'elles soient décolorées, n'ayant pas éprouvé une chaleur assez forte pour être calcinées, et n'ayant perdu qu'une partie qui leur étoit étrangère et ne constituoit nullement leur nature, elles n'en ont pas changé; mais ayant perdu la seule substance qui les rendoit phosphoriques, on essayeroit en vain de leur faire montrer de nouveau cette vertu. Soupçonnant que c'étoit à la matière grasse, qui souvent est la substance colorante des pierres, qu'étoit due leur phosphorescence, j'ai essayé celles où je savois, et où je soupçonnois la présence de cette matière, et j'ai vu qu'en effet elles répandoient plus ou moins cette lueur. J'ai rencontré des spaths calcaires, des spaths séléniteux, des feldspaths, des quartz, &c. et jusqu'à des pierres gemmes phosphoriques sur la pêle échauffée, et l'intensité de cette phosphorescence en rapport avec l'abondance qui pouvoit être soupçonnée dans la matière grasse entrant dans ces pierres ; par exemple, le cristal de roche noir de Maronne, en Dauphiné, dont la substance colorante est une matière grasse bien reconnue, et qui y est très-abondante, donne aussi une très-forte lueur phosphorique. L'hyacinthe rouge, foncé, d'Expailly, donne de même une forte lueur phosphorique; ce qui me feroit présumer que la matière grasse entre pour beaucoup dans sa substance colorante. Si cette idée est aussi fondée qu'elle me le paroît, elle pourroit servir de pierre de touche pour reconnoître si les pierres colorées le sont par une matière grasse ou par une chaux métallique. On voit, par ce que je viens de dire, combien est fautive la méthode de ne reconnoître les spaths fluors qu'en essayant leur phosphorescence.

Comme la lueur phosphorique de la plupart des pierres est jaune, j'avertis que pour bien juger de leur phosphorescence, il faut les essayer à l'obscurité, et qu'alors la lueur phosphorique a surtout plus d'intensité, quand pour jeter la pierre pulvérisée sur la pêle, on saisit l'instant où elle passe du rouge au noir ; sans doute à raison de ce qu'étant rouge, le phlogistique est trop promptement dégagé pour pouvoir se combiner en entier avec l'acide igné.

Note 6. Je conserve un de ces morceaux de bois, qui a environ cinq pouces de longueur sur deux pouces de diamètre ; l'intérieur qui a éprouvé une bituminisation incomplète, est brun et très-friable; tandis que l'écorce seule a été changée en un véritable charbon très-compacte.

Note 7. J'ai très-souvent remarqué dans les montagnes granitiques, que l'on distinguoit toujours dans les terres qui provenoient en grande partie de la destruction du granit, le mica en petites lames plus ou moins perceptibles, et même souvent au point qu'en gravissant les montagnes à travers ces détrimens argileux, les souliers se recouvrent d'un enduit argentin ou doré fort joli, suivant la couleur du mica de la roche.

Note 8. D'après l'acception généralement reçue, et fondée sur les observations de M. Bernard de Jussieu, que les plantes dont on rencontre communément les empreintes dans les schistes sont exotiques, on sera sans doute étonné que je fasse du canton même où elles se rencontrent le lieu de leur naissance; mais quand on observera que les impressions que l'on trouve de ces plantes dans les schistes annoncent qu'elles étoient parfaitement conservées dans toute leur organisation, puisque l'on peut y distinguer jusqu'aux empreintes des fibres les plus fines et les plus délicates des feuilles, on reconnoîtra sans doute l'impossibilité que ces plantes aient été apportées par les eaux, des Indes ou de l'Amérique, et soient arrivées dans les cantons où on retrouve leurs empreintes aussi intactes, que ces empreintes le certifient : d'ailleurs ces plantes n'auroient pas dû, dans ce cas, affecter des cantons particuliers, mais se distribuer généralement partout où les eaux pouvoient les porter ; ce qui est bien visiblement contre ce que la nature nous fait voir tous les jours à cet égard. N'est-il donc pas bien plus naturel de penser qu'elles ont en effet pris naissance dans les cantons où l'on retrouve leurs empreintes ? et ce sentiment est d'autant plus dans le cas de prendre quelque consistance, que l'on ne peut se dissimuler qu'à l'époque citée ci-dessus où la terre étant encore couverte d'eau, dans nombre de ses parties, les montagnes avoient commencé à se découvrir, il devoit y avoir une différence très-considérable entre la nature de ce terrein, sorti récemment du sein des eaux, et ce qu'il est aujourd'hui. D'ailleurs le climat de ces cantons environnés d'eaux et exposés habituellement aux influences d'une évaporation très-considérable et continuelle, devoit être aussi bien différent de ce qu'il est aujourd'hui : il ne seroit donc pas étonnant qu'il pût et dût même y végéter autrefois des plantes qui auront disparu à mesure que les circonstances locales auront changé.

Cette maniere de penser est aussi celle de M. de Romé-de-Lisle, *Crist. v.* 2. *p.* 600, et l'opinion de cet estimable et savant naturaliste ne peut que donner plus de poids à la mienne. L'observation de M. Bernard de Jussieu n'en est pas pour cela moins intéressante, il n'en sera pas moins vrai que l'on retrouve, soit aux Indes, soit en Amérique, les analogues des plantes dont nos schistes portent les empreintes ; mais nous n'en conclurons plus qu'elles nous viennent de là, et nous contentant d'admirer la nature dans ses opérations, nous ne lui attribuerons pas des moyens qui visiblement n'ont pu être les siens. Il paroîtroit même ici que le genre des roseaux a existé plus long-tems que celui des autres plantes, car dans les schistes les plus élevés on rencontre plus habituellement leurs empreintes.

Note 9. Je conçois par pétrification le changement qu'un corps éprouve, lorsque, exposé à l'action successive d'un fluide tenant en dissolution une substance pierreuse quelconque, le fluide, en pénétrant à travers ses pores, y dépose la substance qu'il tenoit en dissolution : et, opérant petit à petit la destruction des parties solides du corps, en forme un nouveau dont la nature est celle de la substance tenue en dissolution, et qui a conservé la texture particulière à ce corps. J'ai dans mon cabinet une plaque de bois pétrifiée qui fait bien voir, en effet, cette conservation de la texture du bois. En opposant cette plaque au jour on reconnoit très-bien les parties qui appartenoient aux différens vaisseaux et trachées du bois, ces parties ayant conservé une transparence que n'a pas le reste du morceau, sans doute à raison de ce que la dissolution cristaline se sera d'abord déposée pure dans ces vaisseaux et trachées, tandis qu'en remplaçant par les suites les parties ligneuses qui se seront décomposées elle aura été colorée plus ou moins par la réaction du phlogistique ou de l'acide de ces parties sur leur matière grasse. On peut voir une plaque absolument pareille dans le cabinet de M. Romé-de-Lisle, à qui j'ai l'obligation de celle que je possede ; et une autre dans celui de M. Besson.

En supposant que le bois, que j'ai dit avoir éprouvé une pétrification bitumineuse, ait préalablement éprouvé une décomposition incomplette qui ait donné lieu à la formation partielle du bitume, alors le fluide qui déposera dans ses pores la substance qu'il tenoit en dissolution, la mêlera avec les parties bitumineuses et il en résultera ce que j'ai nommé pétrification bitumineuse. Lorsque le fluide pétrifiant a, par trop d'abondance, hâté trop vîte la destruction du bois, ou a trouvé cette destruction très-avancée, il en résulte alors que l'organisation du bois n'est plus apparente en aucune maniere.

Note 10. Quelquefois les schistes sur lesquels on rencontre des empreintes, au lieu d'avoir ces mêmes empreintes recouvertes de bitume, les ont recouvertes par une couche très-mince d'une substance tantôt dorée, d'autrefoisargentée et d'autres fois enfin d'un jaune brun foncé. Telles sont les empreintes de plantes qu'on trouve sur plusieurs schistes de Dauphiné, et celles de poissons que j'ai dans mon cabinet, dans des morceaux de craie venant de Provence. Je regarde alors cette substance comme une véritable gomme due à la décomposition végétale ou animale, dont on pourroit peut-être rendre raison, en considérant que si les plantes étoient restées dans l'eau avant de se précipiter, ou avoient déjà éprouvé, à l'air libre, un dégré de décomposition assez considérable avant d'être entraînées par les courans, ayant perdu par-là une grande partie de leur huile, elles n'auroient pu produire, avec l'union de l'acide végétal, qu'une substance mucilagineuse, qui, par la suite, en s'épaississant, auroit été changée en une véritable gomme, qui ne différe essentiellement des bitumes, qu'en ce que l'huile y est en moindre quantité. Voyez, à cet égard, *Macquer*, *Dictionnaire de Chymie*, et *Fourcroy*, *Leçons élémentaires d'histoire naturelle & de Chymie*, aux articles bitumes, gommes et mucilages. Quand aux poissons formans des empreintes recouvertes par cette même gomme, si, avant d'être recouverts par la substance dans laquelle on les trouve, ils avoient de même éprouvé un commencement de putréfaction, ils auroient été dans le même cas. *Pierre Schaw dans ses élémens de Chymie*, in-4°. *pag.* 143, observe *que, par la putréfaction, une partie de l'animal se dissipe, & ne laisse qu'une substance mucilagineuse.*

On rencontre assez souvent ce même enduit gommeux sur les empreintes des plantes des schistes du Forez.

Note 11. Le manuscrit de cet ouvrage étoit terminé depuis long-tems lorsqu'un ami me fit passer, de Paris, quelques notes, qui lui avoient été communiquées par M. Faujas de S. Fond, sur les observations que l'extraction en grand du goudron des mines de charbons du Nivernois et de S. Etienne, l'avoit mis récemment dans le cas de faire. J'y ai vu avec la plus vive satisfaction que ces observations se rapportoient parfaitement à ce que j'avois avancé sur la formation des mines de S. Etienne, et je m'y attendois, parceque la nature m'avoit paru parler assez clairement à l'égard de ces mines pour que l'observateur crût pouvoir se hazarder de prononcer. On ne sera peut-être pas fâché de trouver ici un extrait de ces notes.

Vingt millions pesant de charbon brut provenant

des bois résineux ou coniferes bituminisés, de Decize en Nivernois, ont produit cinq cent livres de goudron, et sept cent livres d'eau mêlée d'alkali volatil neutralisé par l'acide méphitique. Ces sept cent livres distilées sur la chaux ont produit quarante livres d'alkali volatil fluor concentré. Le résidu de cette distillation présente une texture ligneuse non douteuse, et qui dévoile d'une maniere incontestable l'origine végétale de ces charbons.

Vingt milliers pesant de charbons de S. Etienne, fournis par M. l'Abbé Martel, n'ont produit que cent livres de goudron et cent livres d'eau alkaline, qui, distillée sur la chaux, a fourni six livres d'alkali volatil concentré. Sur la fin de l'opération il s'exhaloit des registres, une odeur de corne brûlée insupportable, et le résidu de la distillation, loin d'offrir le tissu ligneux des charbons du Nivernois, présente une masse légere et cellulaire, comme certaines scories volcaniques.

Note 12. Ces corps ont dû être en effet formés lors du travail même de la nature, dans la formation des schistes, car on peut observer, par exemple, dans le canton du coteau de la Croix, que je viens de citer, que les couches terreuses, qui sont venues se placer dessus, ont pris, jusqu'à une certaine épaisseur, la courbure que présentoit la superficie de ces corps sphéroïdaux.

Note 13. J'ai envoyé à mon respectable ami, M. de Romé-de-Lisle, une collection de toutes ces pierres, ainsi que des principales variétés rapportées dans ce Mémoire; si quelques personnes désiroient les voir, je suis fort aise de leur indiquer ce moyen facile, qui pourroit être nécessaire à l'appui de ce que j'ai avancé. L'extrêmec omplaisance et honnêteté de cet Auteur si avantageusement connu par nombre d'ouvrages intéressans, à la tête desquels on doit mettre son excellent traité sur la Cristallographie, science nouvelle qui lui doit son existence et jette un nouveau jour sur l'Histoire Naturelle, ne me laisse pas douter qu'il ne se prête avec plaisir aux demandes qui pourroient lui être faites à cet égard.

Note 14. Il paroît que l'état de tranquillité dont jouit actuellement cette mine enflammée vient du peu de communication qu'elle a avec l'air extérieur. Il y a plusieurs années qu'un événement ayant ouvert cette communication, les flammes firent, à peu près sur le terrein où elle se montre aujourd'hui, un peu plus du côté de l'Est, une explosion considérable et s'élevèrent dans l'instant à une hauteur effrayante, qui diminua peu à peu de sorte que dans ce moment cette mine présenta l'aspect formidable d'un volcan.

Note 15. Je dois à M. Courvoisier, amateur instruit, de Lyon, la découverte de cette substance; dans un petit séjour qu'il fit à S. Etienne, il vint avec moi dans cet endroit, et ce fut lui qui la trouva et me la fit remarquer.

Note 16. Si ces grandes masses de quartz pur sont peu communes en France, il paroit, par ce que dit M. Pallas de la chaîne Ouralique de l'Empire Russe, *Observations sur la formation des montagnes*, *p.* 51, qu'elles sont infiniment moins rares dans ces contrées. M. Collini, dans son Journal d'un voyage minéralo-

logique,

gique, pag. 384, cite aussi de ces grandes masses de quartz qu'il a remarquées dans les environs de Derrebach, dans le bas Palatinat.

Note 17. Ces morceaux seroient alors parfaitement en rapport avec ceux que j'ai cités (*note* 9.)

Note 18. Je n'entends pas ici par granits secondaires, ceux auxquels le savant Professeur de Geneve, M. de Saussure, a donné ce nom dans son intéressant voyage dans les Alpes, page 104, et qu'il a trouvés être composés de quartz et de spath calcaire; mais un autre genre de roche ressemblant aux véritables granits et qui, je pense, doit son origine à la destruction et recomposition, sur place, des granits primitifs, et sur-tout de ceux de dernière formation, ou à un transport peu considérable des parties intégrantes de ces granits. Aussi est-il très-commun, et c'est une remarque que j'ai fait plusieurs fois dans les montagnes du Forez, de voir ces granits secondaires parsemés de petites parties de terre argileuse, dûes à une destruction totale de quelques-unes des parties du granit, qui suivant leur plus ou moins de volume, sont sensibles à la vue simple ou avec la loupe, et qui lors même que ce moyen ne les met pas à découvert sont dévoilés par la simple humectation de la respiration; ces granits repandant ordinairement par ce moyen une odeur argileuse assez forte. D'ailleurs les parties qui entrent dans leur composition, ayant leur contact empêché par les molécules argileuses, n'ont pas autant d'adhérence entr'elles qu'elles en ont dans les granits primitifs, et l'organisation de ces granits se détruit plus ou moins facilement. En second lieu ces parties, avant de se reformer de nouveau en masses granitiques, ayant éprouvé plus ou moins d'altération, on trouve de ces granits secondaires où les parties intégrantes même se brisent entre les doigts. En disant plus haut que ces granits secondaires me paroissent devoir sur-tout leur origine à la destruction des granits de dernière formation, j'ai laissé entrevoir que je distinguois nécessairement les granits, en granits de première formation et en granits de dernière formation : cette manière de penser sera expliquée à la note 23.

D'après ce que je viens de dire des granits secondaires, les grès quartzeux micacés ne diffèrent donc d'eux, qu'en ce que les parties intégrantes du granit ayant éprouvé un transport plus considérable, ces parties en conservent la trace par l'arrondissement de leurs angles, et que la plûpart de ces grès contiennent une plus grande quantité de parties argileuses.

Note 19. On sera peut-être surpris de me voir attribuer ici à la matiere grasse, combinée avec la matière quartzeuse, l'obstacle que ces différentes substances ont à la cristallisation, tandis que j'ai attribué la phosphorescence de plusieurs pierres différentes même, criſtalliſées, à la matière grasse qu'elles contenoient. Mais il faut faire une grande différence entre la matière grasse qui n'a fait que se déposer en même-temps que les molécules cristallines des cristaux, et celle qui se combine réellement avec elles. Celle-là ne change en rien les formes cristallines : et c'est ce qu'on voit tous les jours dans les cristaux, où des substances étrangeres, telles que des parties de stéatite pulvérulente, des cristaux de mica, de la mine de fer spéculaire, de l'Amiante, &c. &c. qui se sont déposées en même-temps que les molécules cristallines, n'ont rien changé pour cela à la cristallisation : ils occupent une place, cela est vrai; mais les molécules cristallines qui suivent se joignant toujours avec celles qui ne sont pas recouvertes par ces substances, suivant leur loi particulière d'affinité, d'aggrégation, la cristallisation suit. Il n'en est pas de même lorsque la matière grasse se combine avec les molécules cristallines, elle gene en effet la cristallisation, qui ne peut plus avoir lieu que d'une manière informe : et si au contraire elle ne la gênoit en rien, elle modifieroit nécessairement les formes de la substance, avec les molécules cristallines de laquelle elle se seroit combinée.

Note. 20. Dans une exploitation que M. le Commandeur de Sayve faisoit faire, il y a quelques années, à Maronne, près du bourg d'Oizans en Dauphiné, d'une mine de cristaux noirs, on parvint à un endroit, où le fond de la cristalliere étoit rempli d'une eau noire; quelques matières adhéroient à ce fond, et étoient en partie recouvertes par cette eau; lorsqu'on les eut extraites, on s'apperçut que la partie qui étoit dans l'eau avoit été rongée en grande partie, de sorte que toutes les aiguilles de cristal de roche n'étoient plus soutenues que par des tiges minces et alongées de la même substance, ce qui faisoit un fort singulier effet. M. le Commandeur de Sayve, connu par le zèle le plus actif pour tout ce qui tient aux connoissances, a dans son cabinet une assez grande matrice tirée de cet endroit, & qui est dans le même cas. La matière colorante de ce cristal de roche noire, est bien reconnue pour être une matière grasse : or, je ne doute nullement que cette eau n'aura dû cette propriété de ronger le cristal de roche, qu'à l'acide de cette matière, dont elle étoit imprégnée.

Note. 21. La texture du rocher calcaire de Couzon, près de Lyon, exploité pour la bâtisse de cette ville, présente d'une manière bien sensible l'union de la substance quartzeuse avec la substance calcaire, à l'époque même, où se formoit ce rocher, qui contient une immense quantité de détriments de coquilles souvent assez petits pour ne pouvoir être apperçus qu'avec une loupe. Ce rocher contient une très-grande quantité de nœuds, auxquels les ouvriers donnent le nom de pierres à feu, et qui ne sont autre chose qu'un silex calcaire; ou un mêlange intime des substances calcaires et quartzeuses. On ne peut ici soupçonner en rien la prétendue transformation de la substance calcaire en substance quartzeuse; aucune partie de ces nœuds n'est, ni absolument calcaire, ni absolument quartzeuse; c'est par-tout un mêlange intime, où tantôt la substance quartzeuse domine, et d'autres fois la substance calcaire. La seule inspection du rocher, ne laisse aucun doute sur l'identité de l'origine de ces nœuds avec celle du rocher même, et autant cette origine paroit inexplicable en rejettant la formation que j'ai donnée au silex, autant, si je ne me trompe, leur explication devient facile d'après ce que je viens de dire.

La plus grande partie de ces nœuds sont solides; d'autres présentent des géodes, dont l'intérieur est tapissé de cristaux, de quartz et de spaths calcaires, présentant ces jolies variétés du Rhombe mariatique connues seulement depuis peu, parceque M. de Romé-de-Lisle en dit dans la nouvelle édition de sa Cristallographie. Sans remonter à l'origine des cavités de ces géodes, sur lesquelles nous n'avons encore que des observations très-vagues, je remarquerai, que lorsqu'elles ont pour envelope ce silex calcaire, la couche qui tient immédiatement à cette géode, et qui est plus ou moins épaisse, est assez ordinairement distinguée de ce silex, en ce que la substance calcaire y domine infiniment davantage. On conçoit que la géode étant une fois formée, si la dissolution calcaire pénétre à travers les parois de cette géode, avant qu'ils soient assez consolidés pour être impénétrables, et qu'après s'être consolidés ils soient enfin recouverts par ce mêlange de substance quartzeuse et calcaire, qui forme le silex calcaire, il en résultera nécessairement ces géodes contenant des cristaux de spath calcaire, dûs aux dépôts de la substance calcaire. Si au contraire cette géode vient à être recouverte par le silex calcaire, avant que les parois en soient assez consolidés pour être impénétrables, alors elle contiendra des cristaux de spath calcaire joints à des cristaux de quartz, ainsi qu'on peut très-souvent l'y observer; et suivant l'ordre des dissolutions, qui auront pénétré dans cette cavité, les cristaux de quartz seront ou dessus, ou dessous les cristaux de spath calcaire, ou entremêlés, si la dissolution est à la fois quartzeuse et calcaire. J'observerai que j'ai très-souvent rencontré de ces géodes, encore remplies d'eau ; mais dans ce cas elles contenoient beaucoup moins de cristaux que les autres ; et l'on sent qu'en effet cela devoit être ainsi. Bien plus, il y a deux ans que par un très-beau soleil, et un temps très-chaud, je rapportois bien précieusement, de ce canton, une de ces géodes, dans la cavité de laquelle restoit le peu que j'avois pu conserver de l'eau qu'elle contenoit, la chaleur ayant fait évaporer cette eau assez vîte, je remarquai avec le plus grand plaisir que cette géode s'étoit accrue par là d'une cristallisation informe très-blanche de spath calcaire.

Note. 22. Je dis *comme une modification particulière de pétro-silex*, parce qu'il est très-vrai que quoique la ressemblance soit parfaite pour le coup-d'œil entre ces deux substances, et que très-souvent dans le pechstein ainsi que dans le pétro-silex on apperçoive une organisation ligneuse, il y a cependant, nécessairement, encore une différence, en ce que le pechstein, à raison de sa fragilité, ne donne que très-difficilement des étincelles, frappé avec le briquet, et cela en agitant vivement cet instrument et ayant soin qu'il ne fasse qu'éfleurer la substance du pechstein, au lieu que quoique les morceaux, de ceux que je cite, qui rapprochent du pechstein, soient plus fragiles que les autres morceaux de pétro-silex, ils ne le sont cependant pas encore au dégré du pechstein ; ce qui sembleroit annoncer qu'en effet le pétro-silex éprouve une modification particulière, pour passer à l'état de pechstein, et que ces morceaux n'ont éprouvé qu'imparfaitement cette modification ; et ici la nature est venue encore à l'appui des idées que l'observation m'avoit fait naître. Dans un voyage que j'ai fait dernièrement à Roanne, j'ai rencontré, à deux lieues de cette ville, sur le chemin de Montbrifon, dans un endroit qu'on nomme le Ménard, un rocher isolé de pétro-silex, dans le genre de celui de Saint-Priest, et où les traces du tissu ligneux sont très-apparentes, quand on a suivi sur-tout le travail de la nature dans les roches de pétro-silex des environs de Saint-Etienne, qu'on doit regarder à cet égard comme un des cantons où elle s'est plû à dévoiler le plus généreusement son secret ; sa texture est la même, et n'en diffère qu'en ce qu'une très-grande partie est vraiment à l'état de pechstein, très-varié pour la couleur, et très-beau, tandisque l'autre est de pétro-silex. Et, une observation que ce rocher fournit sur-tout, c'est que les parties qui sont à l'état de pechstein, sont celles où l'organisation ligneuse est la plus apparente : ce qui semble bien prouver que le pechstein appartient bien réellement à une modification particulière du pétro-silex ; mais j'avoue que je n'entrevois pas encore quelle peut être la cause de cette modification. J'ajouterai encore que j'ai reçu ces jours derniers des morceaux de pechstein, tirés d'un tronc d'arbre fossile à cet état, et où le tissu ligneux est très-bien conservé et très-reconnoissable ; si l'on joint à cela les pechsteins qui se trouvent en Auvergne, et près du Puy, parmi les substances volcaniques, et dont plusieurs montrent de même le tissu ligneux, il deviendra, dis-je, très-probable, que le pechstein appartient au pétro-silex modifié. Mais lui appartient-il exclusivement ? Cette question, à laquelle je n'eus pû répondre il y a peu de temps, devient plus facile par les observations que m'ont procurées le voyage de Roanne, dont je viens de parler. J'ai rencontré dans cette ville un naturaliste instruit, M. Passinge, et dont le zele ne peut céder qu'à son extrême complaisance et honnêteté; il m'a fait connoître à quelque distance de cette ville, un filon de spath séléniteux traversé par des veines, souvent assez épaisses d'un très-beau pechstein, d'un jaune brun ressemblant parfaitement à de la poix jaune: On distingue très-bien dans ces morceaux, que cette substance y est une modification du quartz gras, des parties étant encore à cet état et passant insensiblement à celui de de pechstein. Je ne serois point du tout étonné qu'on rencontrât un jour cette même substance encore très-peu connue, parmi les silex ; car je pense qu'il en est d'elle, comme des agathes, qui sont une modification particulière des silex, pétro-silex et jaspes.

Note. 23. Telle est l'origine des granits de dernière formation, que j'avois dejà indiqué à la note 17. On sent qu'en effet à proportion que l'eau mère de la cristallisation aura pris plus de consistance, les éléments du granit, qui aura suivi, auront leur contact empêché par plus de matière étrangère, qui se sera interposée entr'eux, et qu'alors ces granits seront plus ou moins friables. C'est cette variété sans doute, que M. de Saussure avoit déjà observée, et que cet habile et laborieux naturaliste cite p. 106.

de son voyage dans les Alpes, sous le nom de granits destructibles.

D'ailleurs la matière grasse, et peut-être même une surabondance de matière argileuse non saturée, qui sera entrée dans la formation, même des parties intégrantes de ce granit de dernière formation, rend la décomposition de ces mêmes partiès intégrantes beaucoup plus facile : il est très-ordinaire d'en rencontrer où cette décomposition est très-avancée, et qui répandent alors unetrès-forte odeur argileuse humectée par la respiration.

Nombre de ces granits de dernière formation, montrent d'une manière très-sensible cette matière grasse, que je viens de dire entrer dans leur composition, par la teinte noirâtre qu'elle a donnée au quartz, ainsi qu'on l'observe, par exemple, dans les granits d'Alençon, et qu'on peut de même l'observer dans nombre de granits du Forez, où souvent aussi le feldspath se montre coloré de même ; cette couleur qui se dissipe par l'action du feu étant bien reconnue pour appartenir à une matière grasse.

J'observerai encore que dans ces mêmes granits de dernière formation, les élémens ne sont pas distribués avec la même égalité que dans ceux de première formation, on y trouve souvent des masses très-considérables de mica, de feldspath et de quartz : et une observation qui peut être intéressante à faire, c'est que le quartz y est ordinairement à l'état du quartz gras, et que j'ai trouvé beaucoup de ces quartz qui, pilés, répandent une odeur très-forte, bien différente de celle du quartz ordinaire et approchant beaucoup de celle du Lapis sceillus.

C'est à la facilité de la destruction de ces granits de dernière formation, qui devoient être en plus grande abondance, à l'époque qui a suivi leur formation, qu'ils ne le sont aujourd'hui, qu'il faut sans-doute rapporter l'immense quantité de sables qui recouvrent certains cantons. *M. de Saussure dit avoir vu dans le Lyonnois, l'Auvergne, le Gévaudan, & les Voges, des lieues entières de pays, dont le terrein n'étoit autre chose qu'un sable grossier, produit par la décomposition du granit, qui forme la base de ces mêmes provinces. Voyage dans les Alpes, vol. I. p.* 107. J'ajouterai à ce que dit là ce savant et estimable naturaliste, que j'ai vu des suites très-considérables de roches de granit, dans le Forez et dans le Lyonnois qu'on auroit pris au premier aspect pour un granit très-dur; mais qui, touché avec la main, ne vous laissoit plus voir qu'une masse de sable, dont l'organisation étoit la même que celle du granit, mais dont les parties intégrantes n'avoient plus nulle adhérence entr'elles. Or ces granits destructibles ne peuvent, je pense, appartenir qu'aux variétés de granits, de dernière formation, ou à ceux secondaires, c'est-à-dire, ceux qui, ayant leurs parties dans un contact moins absolu que le granit de première formation, par l'interposition d'une matière étrangère, quelle qu'elle soit, sont plus aisément séparés par l'influence destructive de l'air et de l'humidité, ou dont les parties intégrantes même ayant admis dans leur composition cette matière étrangère, éprouvent elles-mêmes, par les mêmes causes, une décomposition qui décide la destruction de la masse. Ce même observateur ajoute *que ces granits destructibles ne se voient que très-rarement dans les Alpes, les granits de ces hautes montagnes ayant plus de solidité.* Et cela devoit être effectivement ainsi ; ces montagnes ayant été les premières découvertes, ce granit a dû être exposé à la destruction long-temps avant ceux qui habitent des cantons bas ; et j'ajoute, qu'à l'époque où ils ont été découverts, une des causes les plus puissantes de leur destruction, qui est le concours de l'air et de l'humidité, existoit avec toute son intensité, la terre, à cette époque, étant couverte d'eau ; et que cette cause devoit avoir d'autant plus d'action sur eux que, sortis récemment du sein des eaux, ils n'avoient pas acquis encore toute la solidité qu'ils ont prise depuis.

N'est-ce pas encore à la destruction de ces granits de dernière formation, qu'il faut rapporter l'origine des kneiss, ou roches feuilletées primitives ? et voici comment je conçois leur formation, d'après les différentes observations que j'ai pu faire sur cette pierre. A l'époque où les eaux ont laissé à découvert la cîme des montagnes granitiques, le granit de dernière formation, qui couvroit cette cîme, a dû nécessairement éprouver une décomposition, et ses parties détruites être chariées et déposées sur le penchant de la même montagne. Cette retraite des eaux se faisant successivement, ce transport des élémens du granit devoit donc être aussi successif, et donner naissance à une roche feuilletée, dont les parties intégrantes devoient être analogues à celles du granit détruit. Cette formation, comme on voit, aura donc dû suivre jusqu'à ce que les montagnes aient été découvertes. Par la succession des temps ce kneiss, qui devoit être en moindre quantité dans les parties élevées, et dont la destruction, par la raison que j'ai dit ci-dessus, étoit aussi très-facile, s'est décomposé plus ou moins, et il doit rester en plus grande quantité, surtout dans les parties basses adhérentes aux montagnes granitiques, et s'y montrer à plus ou moins de hauteur, suivant que les circonstances y ont rendu sa décomposition plus ou moins prompte et facile, et en plus ou moins d'épaisseur, qu'il s'y sera déposé en plus ou moindre quantité. M. l'Abbé Mongez dans sa traduction de la Sciagraphie de Bergmann, §. 251. D. dit : *que dans les Alpes Dauphinoises on voit le passage du kneiss le plus micacé à la roche de corne, qu'il regarde*, ajoute-t-il, *comme un kneiss à grain très-fin & très-compacte.* Ce qui est très-juste, et devoit en effet nécessairement être ; car on sent très-aisément que dans la décomposition des roches granitiques de dernière formation, qui procédoient à la génération des kneiss, il devoit nécessairement se trouver des instans où les détrimens granitiques pouvoient être plus ou moins atténués, ce qui donnoit naissance à la roche citée par M. l'Abbé Mongez, et devoit nécessairement mettre dans le kneiss cette variété prodigieuse que l'on y remarque.

Je sens très-bien combien d'objections il est possible de faire contre cette formation des kneiss, et je me les suis faites à moi-même, avant d'entreprendre l'explication que je viens d'en donner ; cependant dans les différentes observations que j'ai pu faire, il m'a semblé constamment que la nature indiquoit très-bien cette marche à leur égard ; et que, si tous ne peuvent pas être rapportés à la même origine, au moins ne peut-on s'empêcher de l'adopter pour la plupart. Parmi les objections qui ont pu m'être faites sur cet objet, je citerai celles d'un de nos meilleurs naturalistes, mon ami (*), ainsi que ma réponse à ses observations, parce qu'elle servira à étendre davantage ma manière de considérer cette formation, et mettra les naturalistes, à qui je la soumets, plus à portée de la vérifier et, par conséquent, de l'adopter ou de la rejetter, si la suite de leurs observations particulières vérifie ou détruit les conséquences que j'ai cru devoir tirer des miennes.

Objections sur la formation des kneiss.

« Je ne puis me faire à considérer les kneiss ou » roches feuilletées primitives, comme le produit de » la destruction des granits de dernière formation. » Je ne vois pas la nécessité de recourir à cette » prétendue destruction, quand tout me prouve, au » contraire, que les schorls, les tournalines, les » grenats, les hyacinthes, les fers octaèdres, les » spaths calcaires primitifs, si abondans dans ces » roches feuilletées primitives, sont au contraire

(*) M. Romé-de-Lisle.

» très-rares ou même point existans dans ces mêmes
» granits, à la destruction desquels vous rapportez
» l'origine des kneiss. Dans quels granits étoient
» contenus les tournalines du Tyrol, avant d'ha-
» biter la roche stéatitique qui les renferme ? Dans
» quels granits étoient contenus les grenats de
» Bohême, de Styrie, de Carinthie, du Tirol, des
» Alpes et du Dauphiné ? Quoi ! les masses énor-
» mes de roches feuilletées mêlées de schorl et de
» grenat, qui composent la masse entière du Saint-
» Gothard, viennent d'un granit décomposé, et il
» en faudra dire autant des roches feuilletées d'At-
» temberg, d'Espagne et de la roche Bernard ?
» J'avoue que si toutes ces roches feuilletées ne sont
» plus de première formation, quoique subséquentes
» aux granits de première et de dernière formation,
» je n'ai plus de caractère auquel je puisse distinguer
» une roche primitive d'une roche secondaire ou
» régénérée ; mais, dites-vous, le tissu feuilleté
» de ces dernières roches indique une origine dif-
» férente de celle des granits. Elle indique seule-
» lement, selon moi, que les dépôts étoient plus
» fréquens et en moindre quantité à chaque période.
» Mais M. de Saussure ne nous a-t-il pas appris
» qu'*en observant avec attention les granits dans les*
» *montagnes où leur situation primordiale n'a pas été*
» *altérée, on y retrouve des lits ou des bancs quel-*
» *quefois plus épais, mais aussi constans & presque*
» *aussi réguliers que dans les montagnes secondaires.*
» Les couches ou lits de granits ne diffèrent donc

» que par leur épaisseur de ceux des kneiss ou roches » feuilletées.

Cette objection est, sans contredit, une des plus fortes que l'on puisse faire contre l'origine que j'attribue aux kneiss. Voici quelle fut à cet égard ma réponse.

« Ma manière de considérer la formation des » kneiss, n'a pris quelque consistance que depuis que » je vis au milieu des granits, et que je puis suivre » l'arrangement du kneiss par rapport aux grandes » masses de granits, cette substance se montrant » toujours superposée sur lui et ses couches se » dirigeant suivant l'inclinaison de ces masses dans » les georges primitives, (*) j'ai été conduit à » l'embrasser, 1°. par cet arrangement des kneiss, » par rapport aux granits. On voit même très- » souvent parmi les kneiss des couches d'un véri- » table schiste micacé, dû aux parties du granit qui » pouvoient avoir éprouvé une véritable décom- » position, et non simplement une destruction qui » se bornoit le plus ordinairement à détruire l'adhé-

(*) Je distingue deux espéces de georges, les primitives, qui doivent sans doute leur origine, soit aux courans qui existoient dans la masse des eaux qui recouvroient le globe, soit à ceux qui se sont établis dans le moment même de la retraite de ces eaux, où les roches primitives non encore consolidées cédoient aisément à leur impression : et les secondaires, qui sont l'effet lent et successif des courans postérieurs, et dans lesquelles le granit est vif et non recouvert par le kneiss, ces dernières sont en bien moindre quantité que les autres.

» rence de ces parties intégrantes. Jai remarqué assez » souvent cet arrangement dans les montagnes du » Forez. 2°. Par le tissu feuilleté des kneiss dont » les feuillets sont souvent très-minces, ce qui, joint » à l'arrangement de cette substance, annonce des » dépôts successifs faits sur le penchant des masses de » granit déjà formées. 3°. Par leur existence plus » habituelle vers le pied et sur le penchant des » montagnes de granit, qu'ils devroient recouvrir » s'ils avoient une origine analogue à celle de cette » roche; et une observation qu'il est aisé de faire, » dans les montagnes granitiques, c'est que le sommet » est toujours de granit pur, le kneiss se trouvant » sur le penchant. M. Pallas l'a vu dans les montagnes » Ouraliques, et M. de Saussure, page. 449. §. 567. » du I. volume de son intéressant voyage dans les » Alpes, a observé la même chose dans les mon» tagnes qu'il a parcourues. Il en est de même dans » les montagnes de granit du Forez. Ce fait, d'après » mon hypothèse, seroit facile à expliquer, puisque » ce seroit à la destruction du granit de dernière » formation qui recouvroit les montagnes, que le » kneiss devroit son origine : d'où vient aussi que » cette cîme est ordinairement formée par un granit » plus dur et moins destructible que celui qu'on » rencontre dans les parties basses, ainsi que l'a » très-bien observé M. de Saussure; parce que c'est » le vrai granit primitif, celui de première forma» tion, qui y est à découvert. 4°. Par la texture » de ces roches qui très-souvent ont leurs couches

ondées

» ondées, ou en forme de zig-zag, ce qui paroît pro-
» venir de l'agitation du fluide dans lequel leurs parties
» intégrantes étoient chariées. 5°. Par la manière
» d'être du quartz et feldspath dans les kneiss:
» ces deux substances y sont habituellement en petits
» fragments informes, et n'annoncent pas, ainsi que
» dans les granits, le produit d'une cristallisation;
» ce qu'on peut sur-tout observer aisément dans ces
» kneiss qui, quelque fois sont presque en entier
» composés de mica, et que par cette raison j'ai
» nommés, *note première*, kneiss micacés : le quartz
» ou les grains de feldspath, qui y sont disséminés
» étant pour ainsi dire isolés, et dans une substance
» qui présentoit beaucoup moins de résistance que
» la réunion des parties intégrantes du granit,
» devroit s'y montrer sous une forme cristalline
» plus déterminée, et l'on peut aisément observer
» que c'est tout le contraire; en examinant même
» à la loupe et avec attention quelques kneiss, on
» y remarque quelque fois de petits grains de l'une
» ou de l'autre de ces substances qui paroissent
» légérement roulés. 6°. Par la manière d'être, aussi,
» du mica dans ces roches, qui très-souvent y forme
» des couches particulières et très-distinctes des
» autres substances qui s'y rencontrent, ce qui, je
» pense, suffiroit seul pour faire conclure qu'elles
» ne sont pas, ainsi que les granits, le produit des
» cristallisations primitives faites dans la masse des
» eaux, qui à l'origine recouvroient le globe : car
» dans ce cas le mica ne pourroit se montrer, dans
» dans une suite de roches, y formant des couches

» distinctes ; mais combinées, ainsi que dans le » granit, avec les autres substances qui se rencontrent avec lui dans ces mêmes kneiss : au lieu que » si le kneiss étoit considéré en effet, à l'égard de » sa formation, ainsi que je l'ai fait dans cette note, » on sent très-aisément que la pesanteur spécifique » du mica, étant moindre que celle des autres substances qui se rencontrent dans les kneiss, » et sa manière d'être en lames très-minces ajoutant » encore à cette raison, qui le retenoit plus longtemps suspendu dans l'eau, ces couches distinctes » du mica devoient nécessairement avoir souvent » lieu. 7°. Enfin, le feldspath étant de toutes les » parties intégrantes du granit, celle dont la décomposition est la plus facile, il doit être et il est en » effet plus commun de rencontrer des kneiss composés » de quartz et de mica seulement, que ceux ou le feldspath forme un troisième ingrédient : et c'est peut » être à la partie argilleuse, due à la décomposition » de ce feldspath, et qui se trouve dans le kneiss, » qu'on doit atrribuer la propriété qu'a, du moins » la plus grande partie de ceux que j'ai vus, de » répandre une odeur argileuse très-forte, étant humectés par la respiration.

» Vous dites qu'*il est très-commun de rencontrer » dans les kneiss des schorls, des tournalines, des » grenats, des hyacinthes, des fers octaédres, et » des spaths calcaires primitifs, très-rares ou même » point existants dans les granits*, d'abord je vous » observerai que ces kneiss sont en très-petite quantité à raison de ceux qui ne contiennent aucune

„ de ces substances. Le schorl qui s'y rencontre „ ainsi que le grenat, n'existe pas, il est vrai, dans „ les granits de première formation, qui, je pense, „ ſe bornent à la réunion des trois substances cons- „ tituantes, quartz, mica et feldspath ; mais rien n'est „ plus commun que de rencontrer, par exemple, „ dans le Forez, des granits de dernière formation „ contenant du schorl noir et même en aiguilles très- „ allongées, qui ont une demie transparence d'un „ noir en fumée, qui les rapproche des tourna- „ lines, avec lesquelles ils ont encore le rapport de la „ cristallisation ; et je regarde la roche contenant „ des grenats, qui se trouve dans un ravin vis-à-vis „ le Pont-rouge, dans la géorge qui conduit au bourg „ d'Oisans en Dauphiné, comme un véritable granit „ de dernière formation : ces granits, il est vrai, „ ne sont pas répandus avec profusion ; mais je „ répondrai que les kneiss mêlangés des mêmes „ substances ne le sont pas non plus : et je conçois „ que lors des derniers résidus qui ont formé les „ granits de dernière formation, quelques circons- „ tances ont pu donner naissance, soit par le rappro- „ chement des principes, soit par une différente „ manière d'être dosés, quelques-uns ayant diminué „ soit d'intensité, soit de quantité, à des substances „ qui n'existoient pas dans les premiers granits ; et „ telle est sans doute là l'origine de nombre de „ substances du régne minéral, qu'un concours fortuit „ de circonstances a produites, en combinant et dosant „ les principes de mille manières différentes. Je ne serois „ pas éloigné même de penser, que lors de la for-

» formation des kneiss, en supposant qu'en effet ils » doivent leur origine à la destruction du granit de » dernière formation, il a pu se former des substances qui n'existoient pas dans ces granits; les eaux » qui, en se retirant, déposoient successivement et par » couches les kneiss, devoient nécessairement tenir » en dissolution quelques parties des roches primitives, d'où il pouvoit en effet résulter différentes substances, par une nouvelle combinaison » de principes. C'est ainsi, par exemple, que je » conçois la formation des kneiss stéatitiques, quoique » la stéatite ne paroisse pas avoir été une des parties » intégrantes des granits, et vous serez peut-être » de mon avis en remarquant, ainsi que je l'ai déjà » dit plus haut, que le feldspath étant la substance » de plus facile décomposition des granits, » pouvoit très-bien éprouver souvent une décomposition totale; et dans ce cas la nature » viendra encore à l'appui de cette supposition; » car en Dauphiné où ce kneiss stéatitique ou smectite est si abondant, celui qui ne contient pas de » stéatite, est, assez ordinairement, dépourvu de » feldspath, et n'est pour l'ordinaire qu'un mélange » de quartz et de mica. Je ne verrois pas non plus » de difficulté à croire que les hyacinthes pourroient » se rencontrer dans les granits de dernière formation, et la pierre trouvée à Lyon, par M. Courvoisier, parmi les cailloux chariés par le Rhône, » dont la base est une pâte de jaspe renfermant » quelques cristaux de feldspath, et des cristaux » octaèdres extrêmement durs, qui ne peuvent ap-

» partenir qu'à une gemme du genre des rubis ; » hyacinthe ou diamant, ce qui fait de cette pierre » une nouvelle espèce de porphire ; cette pierre, dis-je, » annonce que les gemmes peuvent donc se rencontrer » aussi dans les granits de dernière formation : d'ail- » leurs, nous ignorons encore de quelles roches » sont extraites les hyacinthes du ruisseau d'Expailly, » près du Puy ; et quant à celles de Saxe elles » ne peuvent rien prouver, se rencontrant, ainsi » que les émeraudes de Saxe et du Forez, dans des » filons, ce qui, je crois, est absolument de même » pour une très-grande quantité de morceaux de » kneiss, que la richesse et la variété de leurs parties » intégrantes fait placer tous les jours dans nos » cabinets. Reste donc le spath calcaire primitif, tel, » par exemple, que celui du Valgaudemar en Dau- » phiné. J'avoue que jusqu'à présent nous bornant » à en remarquer l'existence, que nous devons » mettre au nombre des grandes et sublimes vérités » que la cristallographie nous a découvertes, nous » n'avons même encore aucune induction sur sa for- » mation : ne seroit-elle pas l'effet de la nature organi- » sée sur quelques-uns des principes qui concou- » roient alors à la formation de la charpente du » globe ? et ne pourroit-on pas croire que la retraite » des eaux ayant mis à découvert les cîmes des élé- » vations les plus saillantes de cette charpente, le » principes de vie qui recouvrit ces cîmes de végétaux, » et qui devoit être d'autant plus actif qu'il étoit » près de sa naissance, en venant se joindre à ceux » qui existoient déjà, auroit pu donner lieu à de

» nouvelles combinaisons, et par conséquent à la » formation d'une nouvelle substance, qui seroit le » spath calcaire primitif; tandis que le spath calcaire » muriatique ou secondaire, seroit dû aux mêmes » principes, mais modifié dans les filtres animaux, » et devroit d'après cela, avoir nécessairement beau- » coup de rapport avec le premier; mais en différer » cependant à quelques autres égards, ainsi que l'in- » dique la différence de cristallisation de ces deux » spaths : alors je ne verrois plus aucune difficulté à » croire que dans le moment où les eaux, en se » retirant, charioient, et déposoient sur le penchant » des montagnes, les parties du granit de dernière » formation détruit, pour en former les kneiss, il » aura pu arriver des instants où elles auront dé- » posé le spath calcaire primitif, et c'est ainsi, » par exemple, qu'on peut expliquer ce spath calcaire » primitif mêlé de paillettes de mica, dont parle » M. de Saussure, *Voyage dans les Alpes*, *vol.* » *premier*, *pag.* 504. Tout ceci n'est, ainsi que » vous le voyez, que des hypothèses; mais convenez » que nous avons bien peu de données satisfaisantes, » sur la génération des substances premières, et que » la nature ainsi considérée, son travail se simpli- » fieroit beaucoup; et c'est sans doute en simpli- » fiant ainsi ses opérations que nous devons espérer » de nous rapprocher d'elle, autant que les « bornes de nos facultés peuvent nous le permettre.

» Quand au tissu feuilleté des kneiss, vous m'ob- » servez que M. de Saussure, nous a appris que les » granits sont aussi formés par bancs, ou lits. Je me

» suis souvent apperçu moi-même, dans les mon-
» tagnes primitives, de cette importante vérité.
» Mais que la position de ses couches, qui ont très-
» souvent nombre de toises d'épaisseur, est diffé-
» rente ! et que l'aspect qu'elles présensent à l'œil
» observateur du naturaliste, est éloigné de se rap-
» procher de celui des couches de kneiss !

Note. 24. Très-souvent les jaspes, ainsi que l'a très-bien observé M. de Saussure, *voyage dans les Alpes*, *pag.* 50, présentent dans leur tissu des indices très-frappans de l'argile qui est jointe au quartz. J'ai remarqué dans plusieurs, cette terre argileuse, en très-grande abondance, qui, à l'aide de la transparence que le quartz a conservée dans les interstices, est très-aisément apperçue, en opposant au jour les bords minces de ces jaspes, et encore mieux en regardant leur tissu avec la loupe, sur-tout si on a eu l'attention auparavant d'en mouiller légérement la superficie, précaution absolument nécessaire pour bien voir les pétro-silex, et les jaspes : plusieurs, vus ainsi, ont une ressemblance avec les pierres qu'on a nommées agates mousseuses, et l'on conçoit que si la matière argileuse étoit moins abondante, et que, par conséquent, il restât de plus grands interstices du quartz demi-transparent, ces morceaux, taillés en plaques minces, auroient parfaitement l'aspect de cette même agate. En regardant, ainsi que je viens de le faire, le jaspe comme le dernier résidu de l'eau mère des granits, ne contenant plus que les élémens du quartz, on peut très-aisément concevoir que cette eau mère, sur-tout en approchant de l'instant des derniers résidus, auxquels elle paroît donner naissance, contenoit de la terre argileuse, non saturée par le principe qui, joint à elle, le modifie à l'état de quartz, et qui alors, en se précipitant avec le quartz modifié, qui forme le jaspe, s'interpose dans la substance qui en résulte, et donne ainsi naissance à ces jaspes, dans le tissu desquels on la reconnoit très - parfaitement.

Note 25. Je sais qu'il exixte encore plusieurs personnes et sur-tout parmi les naturalistes Allemands, qui croient à la calcédoine cristallisée, et citent pour étayer ce sentiment des morceaux qui en effet sont séduisants au premier aspect. Jai vu, et j'ai dans mon cabinet, nombre de ces morceaux de prétendue calcédoine cristallisée; c'est une couche de calcédoine qui recouvre en entier des cristaux souvent de différente substance. J'ai des cristaux de blende, de mine de fer hépatique, de spath calcaire, de quartz, &c. &c. recouverts si parfaitement par cette substance que sans un examen attentif, on les prendroit aisément pour de véritables cristaux de calcédoine. Lorsqu'elle recouvre, en couches très-minces et également distribuées, des cristaux de quartz, cet aspect est encore plus séduisant, et la véritable nature de ces cristaux plus difficile à reconnoitre ; mais un peu d'attention suffit pour désabuser et détruire cette erreur, qui peut être nuisible aux progrès de l'histoire naturelle.

FAUTES

Essentielles à corriger avant la lecture de l'ouvrage.

Page. xv, *ligne* 15, *et enfin parfaitement blanche*, lisez *et enfin de parfaitement blanches.*

pag. xvij, *lig*. 5, *je la regarde*, lis. *je la regardois.*

pag. xviij, *lig*. 5, *de trop longues intervalles*, lis. *de trop longs intervalles.*

pag. 11, *lig*. 4, elles ont aussi, *lis*. elle à aussi.

pag. 36, *lig*. 14, de très-beau blancet de violet, *lis*. de très-beau blanc et de violet.

pag. 42, *lig*. 5, touffe d'arbres, *lis*. touffe d'herbes.

pag. 48, *lig*. 23, de noir ou le jaune, *lis*. de noir ou de jaune.

pag. 52, *lig*. 5, dans ce fluide, *lis*. dans le fluide.

pag. 56, *lig*. 28, pétro-silex caractérisé, *lis*. pétro-silex cristallisé.

pag. 64, *lig*. 27, à une moindre quantité, *lis*. à une plus ou moins grande quantité.

pag. 82, *lig*. 24, même, cristallisées, *lis*. même cristallisé.

Idem lig. 27, qui n'a fait, *lis*. qui ne fait.

pag. 83, *lig*. 9, d'affinité, d'aggrégation, *lis*. d'affinité d'aggrégation.

Idem lig. 22, *après* d'une eau noire *ajoutez* très-fétide.

Idem lig. 23, quelques matières, *lis*. quelques matrices.

pag. 85, *lig*. 4, [illegible] mariatique, *lis*. [illegible]e muriatique.

pag. 90, *lig*. 2, lapis sceillus, *lis*. lapis suillus.

pag. 94, *lig*. 19, régénérée; mais, *lis*. régénérée. Mais.

pag. 104, *lig*. 3, le modifie, *lis*. la modifie.

www.ingramcontent.com/pod-product-compliance
Ingram Content Group UK Ltd.
Pitfield, Milton Keynes, MK11 3LW, UK
UKHW021059260726
13994UKWH00002B/603